Kritika Dhial
Abhishek Pathak
Subhash Verma

Peptídeos de exibição de fagos: combate à PASTEURELLA MULTOCIDA

Kritika Dhial
Abhishek Pathak
Subhash Verma

Peptídeos de exibição de fagos: combate à PASTEURELLA MULTOCIDA

ScienciaScripts

Imprint

Any brand names and product names mentioned in this book are subject to trademark, brand or patent protection and are trademarks or registered trademarks of their respective holders. The use of brand names, product names, common names, trade names, product descriptions etc. even without a particular marking in this work is in no way to be construed to mean that such names may be regarded as unrestricted in respect of trademark and brand protection legislation and could thus be used by anyone.

Cover image: www.ingimage.com

This book is a translation from the original published under ISBN 978-620-7-64066-9.

Publisher:
Sciencia Scripts
is a trademark of
Dodo Books Indian Ocean Ltd. and OmniScriptum S.R.L publishing group

120 High Road, East Finchley, London, N2 9ED, United Kingdom
Str. Armeneasca 28/1, office 1, Chisinau MD-2012, Republic of Moldova, Europe
Printed at: see last page
ISBN: 978-620-7-61952-8

PEPTÍDEOS DE PHAGE DISPLAY: COMBATE *Pasteurella multocida*

AUTORIZADO POR

Dr. Kritika Dhial

Professor assistente,

Departamento de Microbiologia Veterinária,

Apollo College of Veterinary Medicine, Jaipur (302031), Rajasthan, Índia

Dr. Abhishek Pathak

Professor assistente,

Departamento de Farmacologia e Toxicologia Veterinária,

Apollo College of Veterinary Medicine, Jaipur (302031), Rajasthan, Índia

Dr. Subhash Verma

Professor,

Departamento de Microbiologia Veterinária,

DGCN, COVAS, CSKHPKV, Palampur, Himanchal Pradesh (176062), Índia

Índice

LISTA DE ABREVIATURAS

Abbreviations	Meaning
OD	Optical density
°C	Degree Celsius
h(s)	Hour(s)
Min(s)	Minute(s)
bp	Base pairs
µg	Microgram
µl	Microliter
mg	Milligram
ml	Milli liter
nm	Nanometer
M	Molar
k	Kilo
rpm	Rotation per minute
rcf	Relative centrifugal force
pfu	Plaque forming unit
IgG	Immunoglobulin G
TBS	Tris buffered saline
TBST	Tris buffered saline- tween
OPD	o- phenylenediamine dihydrochloride
BSA	Bovine serum albumin
BHI	Brain heart infusion
MCA	McConkey Agar

CAPÍTULO 1 : INTRODUÇÃO

A Pasteurella multocida é um coccobacilo capsulado gram-negativo, não móvel, não formador de esporos, com coloração bipolar; as bactérias aparecem tipicamente como bacilos isolados na coloração de Gram, mas também podem ser observados pares e cadeias curtas. *A P. multocida* existe frequentemente como um comensal no trato respiratório superior de muitas espécies de gado, aves de capoeira e animais domésticos, especialmente cães e gatos. As espécies de *P. multocida são* responsáveis pela septicemia hemorrágica (SH) em bovinos e búfalos, pela pneumonia enzoótica em bovinos, ovinos e caprinos, pela rinite atrópica em suínos, pela cólera aviária em aves de capoeira e pela papeira em coelhos. *A P. multocida* também causa pasteurelose em bisontes americanos, iaques, veados, elefantes, camelos, cavalos, alces e muitos outros animais selvagens De Alwis (1996).

A septicemia hemorrágica (SH), uma doença septicémica aguda e fatal dos bovinos e búfalos, é causada pela *Pasteurella multocida* serotipo B:2. A doença é de grande importância económica na Índia, principalmente devido à elevada mortalidade em populações susceptíveis, e foi quantificada como a doença bacteriana que mais mata bovinos e búfalos Dutta *et al.* (1990), Singh *et al.* (1996). Na Índia, esta doença é responsável por cerca de 58,77% da mortalidade dos bovinos e é responsável por 50-55 000 mortes de bovinos por ano Dutta *et al.* (1990), provocando perdas anuais superiores a 10 milhões de rupias. Na SH e noutras doenças, as proteínas bacterianas da membrana externa (OMP) desempenham um papel importante no processo infecioso de muitas bactérias. Sendo epítopos expostos à superfície de agentes patogénicos gram-negativos, as OMP podem induzir **respostas** imunitárias úteis tanto para o diagnóstico como para a profilaxia. Pati *et al.* (1996) e Srivastava (1998) referiram que os OMP de *P. multocida* eram imunogénicos e protectores para vitelos de búfalo e coelhos, respetivamente. A variação no perfil de OMPs entre os isolados de *P. multocida* de casos de SH pode ajudar na pesquisa epidemiológica. A análise dos OMPs de *P. multocida* por eletroforese em gel de poliacrilamida (PAGE) foi utilizada com êxito para identificar os antigénios protectores e para estudar a sobreexpressão e a repressão de proteínas em diferentes fases de crescimento Chawak *et al.* (2000), Tomer *et al.* (2002)

A patogenicidade do organismo está associada a vários factores de virulência, tais como a cápsula, os lipopolissacáridos, as adesinas, as toxinas, os sideróforos, os sialídeos e as proteínas da membrana externa. Estes factores facilitam a colonização e a invasão do tecido do hospedeiro, o que ajuda a evitar ou a perturbar os mecanismos de defesa do hospedeiro, a lesionar os tecidos do hospedeiro e/ou a estimular a resposta inflamatória do hospedeiro.

Existem cinco serogrupos de cápsulas (A-F) e 16 serovares somáticos baseados em antigénios de lipopolissacarídeos (LPS) de acordo com o esquema de serotipagem de Heddleston, que foi recentemente transferido para uma metodologia de reação em cadeia da polimerase (PCR) que reconhece oito tipos de LPS Harper *et al.* (2015). Alguns dos serovares somáticos foram associados a determinadas doenças - a septicemia hemorrágica em bovinos está associada aos serovares 2 e 5 de Heddleston, ao passo que a febre do transporte e a pneumonia enzoótica dos vitelos em bovinos foram associadas ao serovar 3 de Heddleston Dabo *et al.* (2007).

Neste estudo, iremos desenvolver a linhagem de fagos com péptidos que apresentam o epítopo específico da bactéria e que podem ser utilizados para fins terapêuticos e de diagnóstico. Atualmente, a prevenção da pasteurelose é efectuada através da vacinação com bacterinas de células inteiras, que conferem uma proteção específica do serótipo, ou com vacinas vivas compostas por estirpes atenuadas, que protegem contra serótipos homólogos e heterólogos Glisson *et al.* (1993), Wang e Glisson (1994). Infelizmente, a utilização de vacinas vivas atenuadas tem estado implicada em surtos de pasteurelose. Esta limitação levou à procura de uma variedade de componentes da *P. multocida* que podem servir como imunogénios, tais como o polissacárido capsular, o lipopolissacárido (LPS), o complexo LPS-proteína e as proteínas da membrana externa (OMP); no entanto, a gama de proteção cruzada obtida por estes componentes é limitada Lu *et al.* (1988), Wang e Glisson (1994), Marandi e Mittal (1997), Boyce e Adler (2001). A proteção contra múltiplos serótipos pode ser assegurada utilizando estirpes atenuadas, tais como vacinas vivas ou bacterinas produzidas a partir de organismos cultivados in vivo. Isto sugere que os epítopos de proteção cruzada expressos exclusivamente in vivo proporcionam proteção independentemente do serótipo somático Glisson *et al.* (1993), Wang e Glisson (1994).

Existe uma vasta literatura em que a tecnologia de exposição a fagos demonstrou desempenhar um papel vital no desenvolvimento de fragmentos de anticorpos e na engenharia de anticorpos. A exposição de fagos é uma técnica molecular utilizada para selecionar péptidos com as propriedades de ligação desejadas, através do estudo da interação de péptidos ou fragmentos de anticorpos expostos na superfície do fago com potenciais ligandos Cesareni (1992). Especificamente, 7-mer, 12-mer, 15-mer são geneticamente fundidos à proteína de revestimento menor, gene III, do colifago filamentoso M13 e exibidos no exterior da superfície do fago. Esta técnica foi descoberta pela primeira vez por George P. Smith em 1985, depois de ter demonstrado a exibição de péptidos no fago filamentoso Smith (1985).

Há duas teorias que descrevem a evolução da exposição de péptidos em fagos: a evolução convergente e a evolução direta. A teoria da evolução convergente afirma que os péptidos que se ligam a um alvo podem ser isolados por seleção de afinidade e que a sequência nucleotídica que codifica a homologia do péptido isolado é comparada com a sequência nativa na base de dados. A limitação desta teoria é que os mimotopos, péptidos sem semelhança de sequência mas que se ligam firmemente ao alvo como o parceiro de ligação natural, serão isolados Kay *et al.* (2000). A teoria da evolução direta para o isolamento de péptidos utiliza a seleção por afinidade para selecionar o péptido que se liga ao alvo Greenwood *et al.* (1991). Em seguida, a sequência de nucleótidos que codifica os péptidos seleccionados é alterada por PCR propenso a erros, baralhamento do ADN ou amplificação da população de fagos numa bactéria hospedeira de estirpes mutantes. Estas sequências alteradas são utilizadas para criar uma segunda biblioteca combinatória que será analisada por biopanning para obter péptidos com propriedades de ligação alteradas e melhoradas Lowman e Wells (1993).

Um bacteriófago (fago) é um vírus que infecta bactérias. Existem três tipos de bacteriófagos: o fago filamentoso, o fago lambda e o fago T7. A família dos fagos filamentosos inclui três estirpes: M13, f1 e fd. Estas estirpes são geneticamente e fenotipicamente semelhantes. O fago filamentoso M13 é amplamente utilizado para a exposição de fagos Haq *et al.* (2012). A utilidade do phage display na seleção de peptídeos que se ligam especificamente à *P. multocida* será investigada neste estudo. No phage display, as moléculas de péptidos aleatórios são apresentadas na superfície de um bacteriófago através da fusão de um gene de uma proteína estranha com o gene da proteína do revestimento do fago. Uma coleção de vírus, cada um com um péptido único apresentado, é designada por biblioteca de fagos

As bibliotecas de fagos são analisadas utilizando a seleção por afinidade ou bio-panning. Trata-se de um processo que envolve a ligação do fago a um ligando imobilizado, a lavagem do fago não ligado, a eluição do fago especificamente ligado e a amplificação do fago específico do ligando através do crescimento em bactérias. O ciclo de exposição de fagos é realizado três a quatro vezes para selecionar uma população de fagos altamente enriquecida e com elevada especificidade de ligação. A especificidade do clone individual isolado pode ser analisada por ensaio de imunoabsorção enzimática (ELISA) e caracterizada por sequenciação de ADN Hoogenboom *et al.* (1998). As sequências únicas de ADN são depois analisadas utilizando ferramentas de bioinformática para selecionar clones que possam resistir a diferentes condições ambientais. Os clones positivos podem então ser transferidos para um vetor de expressão de proteínas e as proteínas específicas dos ligandos purificadas por cromatografia de afinidade.

Uma das principais aplicações da tecnologia de exposição de fagos é o mapeamento de epítopos, que fornece informações para o desenvolvimento de vacinas de péptidos e ferramentas de diagnóstico. De facto, o rastreio de péptidos de elevada afinidade a partir de uma grande biblioteca diversificada de péptidos apresentados por fagos contra o alvo desejado exige menos esforço, tempo e recursos.

Tendo isto em mente, o presente estudo pretende selecionar ligandos sob a forma de peptídeos utilizando uma biblioteca de peptídeos por exposição de fagos. Estes ligandos seriam seleccionados contra alguns dos principais componentes estruturais da *Pasteurella multocida*.

Os objectivos deste estudo são:

- Para analisar a biblioteca de exposição de péptidos e isolar ligandos de péptidos de fagos contra a *Pasteurella multocida*.

- Avaliar os ligandos isolados quanto à sua afinidade e especificidade de ligação através da utilização de ELISA de fagos.

CAPÍTULO 2 : REVISÃO DA LITERATURA

2.1 Epidemiologia da *P. Multocida*

A septicemia hemorrágica é uma doença contagiosa que afecta principalmente os búfalos e os bovinos. Entre estes, os búfalos são mais susceptíveis do que os bovinos. O diagnóstico precoce da doença era muito difícil. Uma vez estabelecida a doença clínica, a morte era quase certa. A morbilidade depende do tipo de espécie afetada (bovinos ou búfalos), da idade, da endemicidade da zona e do tamanho do efetivo. Observou-se uma mortalidade elevada nos vitelos com menos de dois anos de idade. Os surtos de EH têm estado geralmente associados à estação das chuvas. Sempre que os programas de imunização eram fracos, os surtos ocorriam ao longo do ano De alwis (1992).

Os estudos sobre a escolha da amostra clínica ideal e o isolamento de *Pasteurella multocida* foram referidos por Saharee *et al.* (1992). Um total de 49 (13%) isolados de *P. multocida* foram obtidos a partir de 371 amostras de bovinos e búfalos. Apenas um (0,3%) dos 44 isolados de bovinos foi isolado da nasofaringe, enquanto os restantes foram isolados de gânglios linfáticos. Todos os 5 isolados de búfalos foram obtidos de gânglios linfáticos e nenhum isolado foi obtido de esfregaços de faringe de búfalos abatidos ou da nasofaringe de animais vivos no campo. Dos isolados tipificados, 44 (11,8%) eram de bovinos, dos quais 6 (2,1%) eram do tipo A, 11 (3%) do tipo B e 5 (2%) do tipo D. Dos 5 (11%) isolados tipificados de búfalos, um (2%) era do tipo B e um (2%) do tipo D. Vinte e um (6%) isolados obtidos de bovinos e 3 (7%) de búfalos não puderam ser tipificados. Os 12 (3%) isolados do tipo B provenientes de bovinos e búfalos provinham de uma zona endémica, tendo sido recolhidos duas semanas após um surto de septicemia hemorrágica. Não foram obtidos isolados das áreas não endémicas.

A epidemiologia da HS em búfalos foi descrita por Yeo e Mokhtar (1992). A percentagem de mortalidade em vitelos jovens de búfalo foi mais elevada devido à doença. A maioria dos surtos ocorreu durante a estação das chuvas. Além disso, os surtos foram influenciados por uma série de factores, incluindo as monções, o estado imunitário das manadas de búfalos e, em certa medida, os sistemas de criação. Os casos foram mais frequentemente notificados imediatamente após chuvas fortes. Os locais comuns de pastagem ou de chafurdagem, incluindo riachos e rios, foram também implicados como reservatórios para búfalos susceptíveis.

Al-Humam *et al.* (2004) estudaram 10 isolados de *P. multocida* de 400 esfregaços nasofaríngeos e nasais de animais de matadouro e vitelos com sinais respiratórios num hospital universitário veterinário. O estudo revelou 50% de isolados do tipo capsular A, 25% do tipo capsular C e 25% do tipo capsular D. Entre os organismos isolados, 4,1% foram obtidos em matadouros e 2,15% em hospitais veterinários de ensino. Após os desafios, a *P. multocida* isolada infectou os vitelos e apresentou os sintomas de SH. Assim, a *P. multocida* isolada das cavidades nasais de animais aparentemente recuperados actuou como portadora e constituiu uma importante fonte de infeção para a propagação da SH quando se deslocou de áreas endémicas para áreas não endémicas.

Moustafa *et al.* (2015) realizaram um estudo de caso-controlo sobre os factores que afectam a HS em bovinos e búfalos. O afluxo contínuo de animais com um estado de doença desconhecido, o stress, a sobrelotação dos animais nas explorações e os animais provenientes de diferentes fontes são os factores determinantes que proporcionam um ambiente favorável à propagação da SH.

2.2 Isolamento de *P. Multocida*

Topley e Wilson (1929) descreveram *P. multocida* como bacilos Gram-negativos pequenos, ovóides, com características de coloração bipolar, que são aeróbios, facultativamente anaeróbios e produzem indol e fermentam hidratos de carbono com uma ligeira produção de gás. Nenhuma das estirpes fermentou ramnose, lactose, trealose, rafinose, dulcitol ou salicina. Os resultados foram variáveis com alguns dos hidratos de carbono: 16 estirpes fermentaram arabinose, quatro fermentaram maltose e nove fermentaram manitol. Todas as estirpes produziram indol, catalase, oxidase e reduziram o nitrato a nitrito. Nenhuma das estirpes alterou o leite de tornassol, utilizou citrato, liquefez gelatina nutritiva ou produziu urease.

Shigidi e Mustafa (1979) testaram 42 estirpes de *P. multocida* isoladas de diferentes surtos de septicemia hemorrágica (H.S) e de gado saudável em várias partes do Sudão. Os isolados não causaram hemólise em ágar-sangue (BA) e não cresceram em ágar MacConkey (MCA). Todas as estirpes fermentaram xilose, glucose, frutose, galactose, manose, sacarose e sorbitol com produção de ácido.

Foi colhido um total de 18 amostras de sangue de casos de surto de SH. Cada uma foi inoculada em ágar-sangue, ágar BHI e ágar entérico Hekton e incubada aerobicamente e anaerobicamente a 37°C durante 24-72 h. Os esfregaços de sangue na coloração de Leishman revelaram bipolaridade do organismo, enquanto o organismo cultivado mostrou cocobacilos Gram negativos na coloração de Gram. Além disso, sob incubação aeróbica de um dia para o outro, os isolados apresentaram colónias pastosas brancas, com forma irregular e alfa-hemólise em ágar sangue, enquanto as amostras não revelaram qualquer crescimento em condições anaeróbias Al-Dughaym (2001).

As espécies de *P. multocida* podem ser identificadas com base em características culturais, morfológicas e bioquímicas. O organismo é um bastonete Gram-negativo com características de coloração bipolar, que não é hemolítico, é aeróbio a facultativamente anaeróbio e produz indol, oxidase e catalase Bergey *et al.* (1923) e Little e Lyon (1943)

Brar *et al.* (2006) recolheram um total de 110 amostras, incluindo esfregaços nasais, sangue e tecidos de animais saudáveis, doentes e mortos. As amostras foram semeadas em placas de ágar-sangue de ovino contendo clindamicina, sulfato de gentamicina e telurito de potássio para isolamento primário. Foram isoladas nove *P. multocida* de animais doentes. Os isolados eram cocobacilos Gram negativos na coloração de Gram e produziram colónias não hemolíticas, pequenas, circulares, brilhantes e semelhantes a gotas de orvalho em ágar sangue. Além disso, a percentagem de isolamento observada foi de 8,18%.

Ewers *et al.* (2006) utilizaram ágar de extrato de levedura de soja tríptico suplementado com 5% de sangue de ovelha desfibrinado para o isolamento preliminar de *P. multocida*. Além disso, os isolados foram submetidos a caraterização fenotípica e genotípica. Hajikolaei *et al.* (2006) recolheram esfregaços nasofaríngeos e amostras de sangue de 247 animais abatidos. As zaragatoas foram semeadas em placas de ágar sangue de carneiro a 5% e incubadas a 37°C durante 24 h. Foram isoladas nove *P. multocida* e a percentagem de isolamento foi de 3,64%.

O isolamento de *P. multocida* a partir de 400 esfregaços nasofaríngeos de bovinos e búfalos saudáveis foi registado por Imran *et al.* (2007). As zaragatoas foram inoculadas em ágar caseína sacarose levedura (CSY) suplementado com sangue e incubado a 37°C durante 48 h. Três isolados apresentaram colónias lisas, acinzentadas, brilhantes e translúcidas com bordos inteiros de 1 mm de diâmetro, Gram negativas, bastonetes curtos e ovóides com bipolaridade.

Foi isolado um total de 6 isolados de *P. multocida* a partir de 250 esfregaços nasais e amostras de sangue de animais abatidos. Para efeitos de isolamento, as zaragatoas foram semeadas em placas de ágar-sangue de ovino a 5%. As colónias suspeitas foram posteriormente observadas microscopicamente por Hajikolaei *et al.* (2008) e verificaram que a percentagem total de isolamento era de 2,4%.

Markam *et al.* (2009) estudaram 12 isolados de *P. multocida*. Os isolados eram bastonetes curtos Gram-negativos, não móveis e não formadores de esporos, com 0,2-0,4 × 0,6-2,5 µm de tamanho. Em culturas frescas, apresentaram uma coloração bipolar típica com Leishman e azul de metileno. Não cresceram em ágar MacConkey (MCA) e foram considerados não hemolíticos em ágar sangue.

O isolamento de P. *multocida* de esfregaços nasais de animais clinicamente saudáveis e de tecidos pulmonares de animais pneumónicos foi efectuado por Shayegh *et al.* (2010) e isolou 24 *P. multocida* de 138 esfregaços nasais e 27 tecidos pulmonares. Todos estes isolados produziram colónias pequenas, brilhantes, mucoides e semelhantes a gotas de orvalho em ágar sangue de ovelha a 10% após 24 horas de incubação e eram cocobacilos Gram-negativos na coloração de Gram. Ashraf *et al.* (2011) examinaram a temperatura favorável para o crescimento de *P. multocida*. A 370 °C, os isolados apresentaram um crescimento luxuriante com colónias brancas, mucóides, pegajosas e não hemolíticas de tamanho grande, com 2 mm de diâmetro, em ágar-sangue. Em contrapartida, no ágar de triptona e extrato de levedura (TYE), as colónias eram redondas, pegajosas, de consistência mucoide, com o centro ligeiramente elevado e 2-3 mm de diâmetro.

Na coloração de Gram, os organismos eram Gram negativos, bastonetes finos coccobacilares com extremidades arredondadas. O tamanho do organismo era variável com subculturas repetidas, mas a forma permanecia consistente. Para além disso, o organismo não cresceu a 50°C. Karimkhani *et al.* (2011) obtiveram um total de 6 isolados de *P. multocida a* partir de 240 amostras de pulmão durante um período de um ano. As características culturais e morfológicas revelaram ausência de crescimento em MCA, ausência de hemólise em ágar sangue e Gram negativo na reação de coloração de Gram. Registou-se ainda uma percentagem de isolamento de 2,5%.

Kumar *et al.* (2011) recolheram 400 amostras suspeitas de SH de animais saudáveis, bem como de casos clínicos (sangue, esfregaços nasais) e também de animais mortos (pulmão, baço, coração e fígado). As amostras foram semeadas em ágar-sangue e incubadas aerobicamente a 37°C durante 24 h. Entre estes 25 isolados apresentaram colónias pequenas, lisas, não hemolíticas, semelhantes a gotas de orvalho em ágar-sangue e não observaram crescimento em MCA. Os isolados foram finalmente confirmados como *P. multocida* através da coloração de Leishman.

Naz *et al.* (2012) recolheram um total de 20 amostras clínicas de medula óssea, baço e pulmão de carcaças de búfalos com suspeita de SH. Das 20 amostras, foram isoladas 16 *P. multocida* (80%). Os isolados apresentaram colónias lisas, brilhantes e translúcidas em ágar nutriente (NA), colónias não hemolíticas, semelhantes a gotas de orvalho em ágar sangue de ovelha a 5% e não cresceram em MCA. Os esfregaços corados com Gram revelaram microscopicamente coccobacilos bipolares Gram-negativos.

A probabilidade do isolamento de *P. multocida* a partir de amostras de sangue foi revista pela O.I.E. (2012). Na SH, a verdadeira septicemia ocorre na fase terminal da doença. Na fase inicial da doença, a *P. multocida* pode não estar presente no sangue. Para efeitos de isolamento, os meios adequados foram o ágar CSY com 5% de sangue de ovelha e o ágar sangue convencional. A *P. multocida* recentemente isolada em ágar sangue apresentou colónias lisas, acinzentadas, brilhantes e translúcidas com 1 mm de diâmetro, ao passo que em ágar CSY foram produzidas colónias maiores e não houve crescimento em MCA.

Durrani *et al.* (2013) utilizaram amostras de tecido do pulmão e do baço de animais mortos para o diagnóstico. Os isolados exibiram um crescimento luxuriante em ágar-sangue com colónias translúcidas acinzentadas ou verde-amareladas. Além disso, os isolados não apresentaram crescimento, nem hemólise em MCA e ágar sangue, respetivamente. A caraterização do organismo *P. multocida* com base nas características culturais em BHI, MCA e ágar-sangue foi efectuada por Jabeen *et al.* (2013). As colónias em ágar-sangue e ágar BHI apresentavam-se acinzentadas, lustrosas, azuladas nos bordos e com consistência mucoide. Não foi observado crescimento em MCA.

Sugun *et al.* (2013) utilizaram ágar sangue de carneiro a 5% como meio de cultura primário para o isolamento preliminar de isolados de *P. multocida*. As amostras de tecido triturado, como fígado e baço, foram inoculadas em placas de ágar sangue e incubadas a 37°C durante 24-48 h. Foram isolados seis isolados de *P. multocida* de 26 amostras de pulmão, fígado e baço. A observação revelou colónias não hemolíticas, redondas, acinzentadas, lisas e mucóides em CSY, ágar-sangue e não apresentaram crescimento em MCA. Microscopicamente, os organismos eram pequenos coccobacilos Gram negativos na coloração de Gram.

Dey *et al.* (2014) isolaram dois isolados de *P. multocida* de búfalos clinicamente doentes num surto de SH. Os isolados apresentaram colónias pequenas, brilhantes, não hemolíticas, circulares e semelhantes a gotas de orvalho em ágar sangue com um odor caraterístico a mofo. As colónias revelaram cocobacilos Gram negativos ao serem coradas com a coloração de Gram. O organismo não cresceu em MCA. A caraterística bipolar das bactérias foi observada na coloração do esfregaço de sangue com a coloração de Giemsa.

Ihab *et al.* (2014) recolheram sangue total, esfregaços nasais de 54 casos clínicos e 204 esfregaços nasais, pulmões e amostras de sangue de animais abatidos. Todos os 94 isolados de *P. multocida* apresentaram colónias pequenas, não hemolíticas, redondas e lisas em ágar sangue e não cresceram em MCA. Na coloração de Gram, verificou-se que os isolados eram bastonetes cocobacilares Gram negativos. Na coloração com azul de metileno, foram observados organismos bipolares. A percentagem de isolamento em animais abatidos foi de 33,3% a partir de amostras de pulmão, 27,4% a partir de esfregaços nasais e 13,7% a partir de amostras de sangue.

Nos casos clínicos, foram obtidos 25,9% de isolados de esfregaços nasais e 18,5% de amostras de sangue. Além disso, a percentagem total de isolamento foi de 36,4%.

O isolamento de 11 *P. multocida* a partir de 400 amostras de laringe e faringe de animais saudáveis e doentes foi efectuado por Kamran *et al.* (2014). O isolamento primário foi efectuado em caldo de soja tríptico e ágar de soja tríptico. Foi registada uma percentagem total de isolamento de 2,75%.

Al-marry *et al.* (2016) recolheram 200 esfregaços nasofaríngeos e 75 amostras de pulmão de vitelos. As amostras recolhidas foram inoculadas principalmente em caldo CSY, incubadas durante 6-8 h e, em seguida, submetidas a subcultura em ágar sangue e MCA.

Para o isolamento de *P. multocida,* foram recolhidas 131 amostras, tais como sangue, zaragatoas nasais, pulmão, fígado e baço de diferentes espécies hospedeiras, de acordo com Aski e Tabatabaei (2016). As zaragatoas foram colocadas em meio de transporte Amies. Para o isolamento preliminar, as amostras foram colocadas em ágar sangue suplementado com 5% de sangue fresco de ovelha e as placas foram incubadas aerobicamente a 37°C durante 48 h. Após o isolamento, as colónias suspeitas foram submetidas a subcultura em ágar sangue.

2.3 Caracterização bioquímica de *P. Multocida*

Bioquimicamente, todos os 9 isolados de *P. multocida* revelaram-se positivos para indol, nitrato, catalase, oxidase e foram negativos para os testes de utilização de Voges-Proskauer (VP), vermelho de metilo (MR), urease e citrato. Todos os isolados fermentaram glucose, sacarose, galactose e manitol, mas não fermentaram lactose, dulcitol, maltose, arabinose e inositol Brar *et al.* (2006).

A caraterização bioquímica de 3 isolados de *P. multocida* foi efectuada por Imran *et al.* (2007). Todos os isolados apresentaram uma resposta positiva à catalase e à produção de sulfureto de hidrogénio (H2S), enquanto a liquefação de gelatina, MR e VP foram negativas. Foi observada a fermentação de glucose, sacarose e maltose sem produção de gás.

Foram efectuados testes bioquímicos a 12 isolados de *P. multocida.* Os isolados foram considerados positivos para indol, oxidase, catalase, teste de redução de nitratos e negativos para urease. Os isolados fermentaram glucose, frutose e não foi observada qualquer reação com salicina, rafinose e ramnose Markamet *al.* (2009).

Ullah *et al.* (2009) isolaram estirpes B:2, B:6, B:4 e B:3 de *P. multocida.* Estas estirpes foram positivas para catalase, indol, oxidase e nitratos reduzidos, enquanto os isolados foram negativos para urease, H2S, citrato e MR. Além disso, todas estas estirpes não eram móveis. A fermentação de açúcar de glucose, sacarose, manose e frutose com a produção de ácido apenas sem produção de gás por isolados de *P. multocida* foi observada por Ashraf *et al.* (2011). Todos os isolados apresentaram reação positiva para catalase, indol, redução de nitrato, produção de H2S e apresentaram reação negativa para testes de MR, urease e liquefação de gelatina.

Kumar *et al.* (2011) isolaram 25 isolados de *P. multocida* de animais aparentemente saudáveis, de casos clínicos e de animais suspeitos de estarem mortos por HS. Após o diagnóstico preliminar, os isolados foram considerados positivos para os testes de redução de indol e nitrato. Os isolados não apresentaram reação com citrato, MR e VP. Além disso, os isolados foram identificados como 12 biótipos com base nos testes de fermentação de açúcares (glucose, sacarose, manitol, maltose, sorbitol e lactose). A maioria dos isolados fermentou o açúcar glucose, exceto 5 isolados, 19 isolados fermentaram o manitol e 18 isolados fermentaram a sacarose, o sorbitol e a maltose.

Naz *et al.* (2012) efectuaram testes bioquímicos para 16 isolados de *P. multocida.* Os isolados foram considerados positivos para testes de indol, catalase, produção de oxidase e redução de nitrato, negativos para produção de H2S e urease. Além disso, os isolados fermentaram glucose, sacarose, manitol, frutose, arabinose e maltose com produção de ácido. A reação bioquímica de *P. multocida* resultou numa resposta positiva aos testes de oxidase, catalase, indol e redução de nitratos. Os organismos foram considerados negativos para H2S, produção de urease, utilização de citrato e liquefação de gelatina. Além disso, a maioria dos isolados fermentou glucose, sacarose com a produção de ácido sem gás, enquanto algumas estirpes fermentaram arabinose, xilose e maltose O.I.E., (2012).

Observou-se que os isolados de *P. multocida* eram positivos para a oxidase, a catalase, o indol, o ágar de ferro e açúcar triplo (TSI), o teste de redução de nitratos e eram negativos para o citrato e a urease. Além disso, os testes de fermentação do açúcar para estes isolados foram considerados positivos para a glucose, a xilose e fracamente positivos para a maltose. Além disso, verificou-se que os organismos não eram móveisJabeenet *al.* (2013).

As propriedades bioquímicas de 6 isolados de *P. multocida* foram observadas por Sugun *et al.* (2013) e foram positivas para catalase, oxidase, ornitina decorboxilase, produção de indol e teste de redução de nitrato, negativas para urease e citrato. Os isolados fermentaram glicose, sacarose e manitol sem produção de gás.

Abera *et al.* (2014) realizaram testes bioquímicos para 11 isolados de *P. multocida* recuperados de 329 amostras de zaragatoas nasais e tecidos pulmonares de animais aparentemente saudáveis e pneumónicos. Todos estes isolados foram considerados positivos para oxidase, catalase e foram capazes de fermentar glucose, sacarose, manitol e manose.

Chowdhury *et al.* (2014) caracterizaram os 5 isolados de *P. multocida* através da realização de testes bioquímicos e verificou-se que todos eram não-móveis. Todos os isolados apresentaram reação positiva aos testes de redução de indol, oxidase, catalase, H2S e nitrato. Mas os isolados foram negativos aos testes de citrato, urease, MR, VP e liquefação de gelatina. Os testes de fermentação de açúcares revelaram a produção de ácido sem gás para glucose, sacarose, galactose, frutose e manitol.

Para efeitos de isolamento e caraterização de *P. multocida,* Dey *et al.* (2014) efectuaram testes bioquímicos e observaram resultados positivos para indol, oxidase e catalase, mas negativos para urease. Os isolados fermentaram glucose, manitol, arabinose, sorbitol, sacarose e xilose.

A identificação de isolados de *P. multocida* através da realização de testes bioquímicos foi conduzida por Ihab *et al.* (2014) e foi positiva para os testes de indol, oxidase, catalase e redução de nitrato, mas negativa para o teste de utilização de citrato. Os isolados fermentaram glucose, sacarose e não fermentaram lactose.

2.4 Apresentação de fagos

A exposição de fagos foi inicialmente referida por George P. Smith Smith, (1985). Trata-se de um instrumento eficaz para produzir uma grande diversidade de péptidos e proteínas e, a partir destes, selecionar moléculas com propriedades de ligação específicas. Envolve a expressão de péptidos, proteínas ou fragmentos de anticorpos na superfície de bacteriófagos filamentosos Smith, (1985); Winter *et al.* (1994); Kay *et al.* (2000). Por conseguinte, pode ser particularmente útil para estudar (i) as interacções proteína-ligando Cesareni, (1992), (ii) as interacções antigénio-anticorpo Griffiths, (1993); Winter *et al.* (1994), e (iii) para melhorar a afinidade das proteínas em relação às suas propriedades de ligação Burton, (1995); Neri *et al.* (1995).

O fago M13 é escolhido nestes procedimentos de exposição de fagos devido à sua origem f-1. O f refere-se à aparência filamentosa do fago e também à sua dependência do pílus F para a infeção do seu hospedeiro específico *E. coli.* Coletivamente, os fagos M13, f1 e fd são referidos como fagos Ff (Wilson e Finlay, 1998). O virião Ff consiste num genoma de ADN de cadeia simples, embalado num tubo que contém 2700 cópias de uma proteína de revestimento principal, pVIII, fechada nas extremidades por quatro a cinco cópias de cada uma das quatro proteínas de revestimento secundárias (Wilson e Finlay, 1998). Uma das proteínas de revestimento menores é a pIII no colifago M13, fundida em oligómeros para apresentação de péptidos na superfície do fago.

A sequência de ADN de interesse é inserida num local do genoma do fago, no qual se funde com um gene que codifica uma proteína de revestimento do fago. A proteína codificada pela inserção é expressa ou exibida na superfície da partícula de fago, fundida com uma das proteínas da capa do fago. O fenótipo da proteína expressa está assim ligado ao seu genótipo, que está presente no genoma do fago. Em vez de desenvolver proteínas ou variantes peptídicas uma a uma e depois exprimir, purificar e analisar cada variante, uma vantagem da exposição em fago é que pode ser construída uma grande diversidade de proteínas variantes. Por exemplo, foram criadas bibliotecas de anticorpos por exposição de fagos com diversidades tão elevadas como 1010 Vaughan *et al.* (1996); De Haard *et al.* (1999). Estas bibliotecas podem ser utilizadas para a seleção e purificação de partículas de fagos com sequências com a especificidade de ligação desejada, a partir de um fundo de variantes não ligantes.

2.5 Aplicações do visor de fagos

A aplicação das bibliotecas de exposição de fagos consiste em identificar ligandos para anticorpos componentes em anti-soros policlonais complexos Scott e Smith (1990). Não é necessário que o antigénio seja um componente previamente conhecido. Os péptidos podem ajudar a identificar e distinguir diferenças entre estirpes de vírus, bactérias ou parasitas quando purificados por afinidade com soros de doentes infectados. Os péptidos seriam então utilizados como instrumento de administração de vacinas ou imunogénios Scott e Smith (1990). Como afirmam Scott e Smith, o valor da biblioteca de epítopos reside no facto de uma grande e importante parte do universo de epítopos poder ser englobada em poucos microlitros de solução. Estes poucos microlitros podem ser efetivamente pesquisados quanto à afinidade específica com um anticorpo, recetor ou outra proteína de ligação através de métodos simples de ADN recombinante.

Os anticorpos, as hormonas e as proteínas de ligação ao ADN foram expostos em fagos, tendo sido isoladas variantes com especificidade ou afinidade alteradas a partir de bibliotecas de mutantes aleatórios Lowman *et al.* (1991), Barbas (1993). A exposição em fagos foi também utilizada na identificação de imitadores peptídicos de ligandos não peptídicos Hoess *et al.* (1993).

Dybwad e Bogen *et al.* (1995) demonstraram num estudo que a biblioteca de péptidos de fagos pode ser utilizada para identificar epítopos para anticorpos policlonais. Foram identificados epítopos lineares e possíveis epítopos mímicos. Dos 36 fagos positivos que sequenciaram, 25 apresentaram a sequência do péptido AVFGGGTKL que é semelhante ao terminal C do péptido 91-107. Concluíram que as bibliotecas de péptidos de fagos podem ser de uso geral como ferramenta para identificar ligandos lineares para antissoro policlonal e podem sugerir que, se o epítopo for contínuo, a homologia entre as sequências de epítopos de fagos seleccionados e a sequência do antigénio seria, em geral, elevada.

A exposição a fagos tem sido aplicada como alternativa ao trabalho com hibridomas para a produção de anticorpos e para o direcionamento intracelular de anticorpos recombinantes Neri *et al.* (1995), Peterson (1996), Gargano Cannon *et al.* (1996) e Cattaneo (1997) e como método de purificação comercial de bioterapêuticos através da geração de ligandos e como instrumento de diagnóstico *in vivo* Dyax News (1996). Outra vantagem da exposição a fagos é a construção, expressão e seleção de bibliotecas completas de fragmentos Fab de anticorpos murinos ou humanos expostos na superfície de fagos filamentosos Engberg *et al.* (1996).

Bishop-Hurley *et al* (2005) utilizaram uma abordagem de exposição subtractiva de fagos para selecionar por afinidade os péptidos que se ligam à superfície celular de uma nova estirpe invasiva de *Haemophillus influenza* R2866 (também designada Int1). Mais de metade dos péptidos de fagos seleccionados testados foram bactericidas em relação à estirpe R2866 de uma forma dependente da dose. Cinco dos clones codificaram a mesma sequência de péptidos (KQRTSIRATEGCLPS; clone hi3/17), enquanto os restantes quatro clones codificaram péptidos únicos. O clone hi3/17 possuía um nível de atividade semelhante para um painel de isolados clínicos de NTHi e estirpes de *H. influenzae* tipo b, mas não possuía atividade bactericida para bactérias gram-positivas *(Enterococcus faecalis, Staphylococcus aureus)* e gram-negativas *(Proteus mirabilis, Pseudomonas aeruginosa* e *Salmonella enterica)*.

Um desenvolvimento recente na aplicação do phage display é a seleção de péptidos específicos de órgãos. Este processo foi realizado *in vivo* através de injecções de uma biblioteca de exposição de péptidos aleatórios em ratos. Após a injeção de uma biblioteca de péptidos, os órgãos de interesse foram colhidos, lavados e o fago ligado foi eluído. Este fago eluído foi amplificado e utilizado em rondas subsequentes de injeção e seleção Pasqualini e Ruoslahti (1996), Arapet *al.* (1998). Verificou-se que o fago transfecta as células *in vivo* de uma forma determinada pelo fluxo sanguíneo Pasqualini e Ruoslahti, (1996), A exposição ao fago foi utilizada para otimizar a ligação de anticorpos catalíticos a análogos do estado de transição. Estes métodos podem ser utilizados em conjunto com o rastreio da catálise para identificar variantes com maior eficiência catalítica Baca *et al.* (1997).

Seema Mukhaija e Bernhard Erani (1997) seleccionaram péptidos contra a enzima I do fosfoenolpiruvato presente nas bactérias. O sistema bacteriano de fosfoenolpiruvato-açúcar fosforotransferase medeia a absorção e a fosforilação de hidratos de carbono e está envolvido na transdução de sinais. Em resposta, modula a repressão catabólica, o metabolismo intermédio, a expressão genética e a quimiotaxia. Seis péptidos de 15 mers, nove de 10 mers e nove de 6 mers que inibem a enzima I foram seleccionados a partir de bibliotecas de phage display. Isto levou à inibição do crescimento bacteriano.

Foram utilizadas bibliotecas de phage display para isolar péptidos que se ligam preferencialmente a vasos sanguíneos tumorais Arap *et al.* (1998). Os péptidos seleccionados desta forma foram utilizados com êxito para a administração de fármacos dirigidos às células tumorais. Quando Arap *et al.* utilizaram técnicas de phage display para identificar dois péptidos que se ligavam às células tumorais, estes dois péptidos foram acoplados a um medicamento anticancerígeno. Um destes péptidos, associado ao medicamento anticancerígeno doxorrubicina, aumentou a eficácia do medicamento contra xenoenxertos de cancro da mama humano em ratinhos nus.

Thirumaladevi K. *et al.* (2001) obtêm péptidos que imitam a ligação da aflatoxina B1 a anticorpos criados contra ela. Criaram anticorpos monoclonais (MAbs) para um conjugado aflatoxina B-albumina de soro bovino que reagiu de forma cruzada com os outros tipos principais de aflatoxina (B2, G1 e G2) em diferentes graus. Os mimotopos seleccionados (os péptidos de fagos que imitam antigénios na ligação a anticorpos são designados mimotopos) para aflatoxinas, utilizando dois destes MAbs, diferiam em especificidade, e a aplicação destes mimotopos em ELISA para a estimativa quantitativa de aflatoxinas foi comunicada pela primeira vez.

Mullen *et al.* (2007) tentam identificar os genes que codificam as adesinas para estudo encontradas em quatro membros de *Pasturellaceae-Haemophilus influenzae, A. pleuropneumoniae, P. multocida* e *Aggregatibacter actinomycetem comitans.* A razão para uma comparação das adesinas é identificar novas adesinas putativas e considerar se as adesinas expressas por diferentes bactérias desta família podem estar relacionadas com a especificidade do hospedeiro. As bibliotecas foram analisadas em relação à fibronectina humana ou porcina, à albumina sérica ou a uma matriz extracelular comercial contendo colagénio de tipo IV, laminina e sulfato de heparina. Foram identificados quatro genes que codificam adesinas putativas.

Mullen *et al.* (2008) identificaram uma nova proteína putativa de ligação à fibronectina através de uma biblioteca de exposição de fagos de ADN fragmentado de *P. multocida*. Através do rastreio de phage display com ADN genómico fragmentado de *Pasteurella multocida, identificaram* um gene que codifica uma proteína putativa de ligação à fibronectina. Foram encontrados homólogos deste gene (PM1665) em todos os outros membros sequenciados das Pasteurellaceae. Eles clonaram o gene PM1665, e a proteína foi expressa. Estes resultados apoiaram a hipótese de que a proteína PM1665 é um membro de uma nova família de adesinas de ligação à fibronectina que são importantes na adesão de *P. multocida* à fibronectina.

Bishop-Hurley *et al* (2010) utilizaram um protocolo subtrativo de exposição a fagos para selecionar por afinidade os péptidos que se ligam à superfície celular de um isolado avícola de *Campylobacter jejuni*, com o objetivo de encontrar péptidos que pudessem ser utilizados para controlar este microrganismo em frangos. No total, verificou-se que 27 péptidos de fagos, representando 11 clones únicos, inibiam o crescimento de *C. jejuni* até 99,9% in vitro. Um clone era bactericida, reduzindo a viabilidade de *C. jejuni* em 87% in vitro. Os péptidos de fagos eram altamente específicos. Inibiram completamente o crescimento de dois dos quatro isolados avícolas de *C. jejuni* testados, não tendo sido detectada qualquer atividade contra outras bactérias Gram-negativas e Gram-positivas.

Bishop-Hurley *et al.* (2010) utilizaram um protocolo de exposição subtractiva de fagos para selecionar por afinidade os péptidos que se ligam à superfície celular de um isolado avícola de *Campylobacter jejuni*, com o objetivo de encontrar péptidos que pudessem ser utilizados para controlar este microrganismo em frangos. No total, verificou-se que 27 péptidos de fagos, representando 11 clones únicos, inibiam o crescimento de *C. jejuni* até 99,9% in vitro.

Singh A. *et al.* (2010) utilizaram uma biblioteca de exposição de fagos de 5×10^7 clones de dAb de camelo do deserto indiano imunizado com LPS, construída no seu laboratório para a seleção de clones específicos de exotoxinas de *S. aureus* através da técnica de panning. Como resultado, isolaram e caracterizaram parcialmente o anticorpo de domínio único de camelo e sugeriram que tem potencial para aplicações no diagnóstico, terapêutica e investigação de doenças causadas por *S. aureus*.

Singh P. *et al* (2010) comunicaram a construção de um fragmento de anticorpo de cadeia variável única (ScFv) altamente reativo e específico a partir de uma biblioteca de exposição de fagos adequada para a deteção da enterotoxina estafilocócica B (SEB). Imortalizaram o gene que codifica o anticorpo monoclonal reativo contra a SEB através da clonagem em E. coli, utilizando a tecnologia de exposição de fagos de anticorpos, e caracterizaram o anticorpo recombinante resultante.

2.6 Seleção por biblioteca de exposição de fagos (Bio-panning)

As bibliotecas de anticorpos são analisadas em busca de clones que se ligam especificamente e, em seguida, amplificadas por uma técnica denominada bio-panning, na qual os péptidos ou anticorpos exibidos por fagos são incubados com um alvo imobilizado ou antigénio de interesse Clackson *et al.* (1991) e Nissim *et al.* (1994). Os fagos não ligados são removidos por lavagem, enquanto os fagos que se ligam especificamente ao alvo são eluídos, alterando as condições de ligação ou por proteólise. Os fagos especificamente ligados podem ser eluídos do antigénio imobilizado com soluções ácidas, como HCl ou tampão de glicina Kang *et al.* (1991), com soluções básicas, como trietilamina Marks *et al.* (1991), por clivagem enzimática de um local de protease incorporado na proteína de revestimento recombinante Kristensen e Winter, (1998). Na etapa seguinte, os fagos eluídos são amplificados em *E. coli.* Idealmente, deveria ser necessária apenas uma ronda de seleção, no entanto, a presença inevitável de fagos de fundo inespecíficos limita o enriquecimento que pode ser obtido por ronda. Na prática, podem ser frequentemente necessárias várias rondas de seleção (aproximadamente 2-4 rondas).

Os ligandos peptídicos que reconhecem um domínio alvo são então isolados e amplificados por um processo *in vitro* denominado biopanning. O biopanning é um processo de seleção efectuado através da incubação de uma biblioteca de péptidos exibidos por fagos numa placa ou conta revestida com um alvo específico. O fago ligado permanece após a lavagem do fago não ligado. O fago especificamente ligado é eluído, depois amplificado por infeção por *E. coli*, e passa por ciclos sucessivos de biopanning e amplificação. Estes ciclos sucessivos são efectuados de modo a enriquecer o conjunto de fagos que se ligam especificamente a um alvo. É efectuado um total de três a quatro ciclos e os clones individuais são caracterizados por protocolos de sequenciação de ADN Bonnycastle *et al.* (1996).

2.7 Seleção utilizando alvos imobilizados

Os ligantes específicos de uma biblioteca de fagos podem ser isolados através de uma seleção contra uma molécula alvo adsorvida em plástico, como os Maxisorb Immuno Tubes, (Nunc, Dinamarca) ou as Immuno 96 Micro Well Plates (Nunc, Dinamarca) Marks *et al.* (1991). Em alternativa, o antigénio pode ser imobilizado em pastilhas de sensores BIAcore Malmborg *et al.* (1996). Deve ter-se em conta que alguns anticorpos exibidos por fagos, seleccionados contra um antigénio imobilizado, podem não ser capazes de reconhecer a forma nativa do antigénio. Uma forma de ultrapassar este problema é utilizar o revestimento indireto do antigénio, através da utilização de anticorpos específicos do antigénio Sanna *et al.* (1995).

2.8 Seleção utilizando antigénios em solução

Esta técnica de seleção é realizada quando o antigénio não pode ser imobilizado numa superfície sólida. A utilização de antigénios solúveis marcados é mais precisa se for utilizada uma concentração relativamente elevada do antigénio durante a seleção Hawkins *et al.* (1992). Após a incubação do antigénio biotinilado com o anticorpo que exibe o fago, os fagos ligados ao antigénio marcado são recuperados, utilizando esferas magnéticas revestidas com avidina ou estreptavidina

Moghaddam *et al.* (2003). Os fagos ligados são então dissociados do antigénio. Uma desvantagem desta técnica é que os anticorpos anti-estreptavidina são frequentemente isolados juntamente com os fagos especificamente ligados.

2.9 Seleção em células

A seleção de anticorpos exibidos por fagos contra receptores de superfície celular é frequentemente efectuada em monocamadas de células aderentes Liu *et al.* (2005) ou em células em suspensão Mazuet *et al.* (2006). Os fagos não ligados podem ser eliminados por lavagem dos frascos de cultura de tecidos (monocamada) ou por centrifugação (suspensão de células). Para maximizar o isolamento de fagos que se ligam especificamente e minimizar o fundo de fagos não ligados, deve ser utilizada uma seleção positiva e negativa Mazuet *et al.* (2006). É criada uma competição entre um pequeno número de células positivas e um excesso de células negativas (absorvente). As células absorventes captam os ligantes não específicos. Adiciona-se um anticorpo marcado com fluorescência contra um antigénio presente apenas nas células-alvo e utiliza-se o FACS para isolar as células-alvo e, por conseguinte, também a ligação do fago à superfície destas células Siegel *et al.* (1997), Mazuet *et al.* (2006). As selecções podem também ser efectuadas em secções de tecido Liu *et al.* (2005).

2.10 Trabalho efectuado em CSKHPKV, Palampur, H.P., Índia

Dogra (2010) trabalhou sobre o tema das proteínas da membrana externa como potenciais candidatos para estudar a resposta imunitária contra a *Pasteurella multocida.*

Kour (2014) trabalhou no desenvolvimento de testes de aglutinação de látex contra *Pasteurella multocida.*

Katoch (2012) Estudou o potencial patogénico da *Pasteurella multocida* com diferentes ompA.

Verma *et al.* (2015) desenvolveram um ELISA para medir os títulos de anticorpos.

Sharma *et al.* (2014) estudaram a patogenicidade in *vitro* e *in vivo* de estirpes de *Pasteurella multocida* com diferentes ompA.

[st]No entanto, o trabalho de seleção de ligandos contra *P. multocida* utilizando uma biblioteca de péptidos está a ser feito pela primeira vez na Índia

CAPÍTULO 3 : MATERIAL E MÉTODOS

3.1 Materiais

3.1.1 Biblioteca de péptidos dodecapeptídeos por exposição de fagos (Ph.D.-12)

O kit de exposição de fagos Ph.D.-12 da New England Biolabs baseia-se no vetor de fagos M13 modificado para a exposição pentavalente de péptidos como fusões N-terminais à proteína de revestimento menor pIII. A biblioteca Ph. D.-12 de exposição de fagos contém 100 µl 2 x 1013 pfu/ml (1,29 x 109 sequências de péptidos de 12 mers fornecidas em TBS com 50% de glicerol). Existe uma sequência de ligação curta entre o péptido apresentado e pIII: Gly-Gly-Gly-Ser.

3.1.2 *E. coli.* Estirpe hospedeira ER2738

F' *proA+B+ lacIqΔ(lacZ)M15 zzf::Tn10 (TetR)/fhuA2 glnVthi* Δ *(lac-proAB)* Δ*(hsdMS-mcrB)5* (rk- mk- McrBC-). A estirpe hospedeira fornecida como cultura de glicerol a 50% foi incluída no kit de biblioteca de fagos Ph.D.-12 da *New EnglandBiolabs*.

3.1.3 Meio de cultura
1. Caldo BHI (Himedia)
2. Caldo de fagos
3. Agarose de fagos
4. Meio de ágar superior

3.1.4 Solução de reserva
1. Cloridrato de tetraciclina (Sigma-Aldrich) em stock
2. Xgal (Thermo fisher scientific)
3. Solução-mãe de glicerol

3.1.5 Soluções tampão
1. Solução salina tamponada com Tris (TBS)

2. Solução salina tamponada com Tris - Tween 0,5% (TBST)

3. PEG-NaCl (Sigma)

4. Tampão de suspensão:

5. Solução de bloqueio:

6. Tampão de lavagem

7. Tampão de revestimento

8. Tampão de eluição

9. Tampão de neutralização

3.2 Crescimento bacteriano e armazenamento

A estirpe hospedeira ER2738 de *E. coli* foi colocada em placas de ágar BHI contendo tetraciclina (20mg/ml) e incubada a 37°C durante a noite. A placa foi envolvida com parafilme e armazenada a 4°C no escuro durante um período máximo de 1 mês.

A Pasteurella multocida foi inoculada em caldo BHI (Brain Heart Infusion) a partir de stock A *Pasteurella multocida* tipo B foi obtida a partir da cultura de stock conservada a -80°C. Inoculou-se 10µl de *Pasteurella multocida* de reserva em 5 ml de caldo BHI num tubo de cultura. Incubou-se durante a noite a 37 °C numa incubadora com agitador a 250 rpm. A cultura foi então transferida para um frasco contendo 50% de glicerol e agitada em vórtex brevemente para misturar e conservada a -80°C. No dia seguinte, a cultura foi semeada em ágar-sangue de ovelha a 5%, tendo sido utilizado parafilme para cobrir a placa de Petri para preservar a cultura durante os 5-7 dias seguintes.

Duas culturas bacterianas encomendadas ao MTCC (Microbial type culture collection and gene bank) foram *Actinobacillus lignieresii* e *Hemophilus influenzae*. Ambas as bactérias foram liofilizadas em ampolas. *A. lignieresii* foi inoculada em caldo BHI e incubada aerobicamente a 37°C durante 24 horas. *A H. influenzae foi inoculada* em caldo BHI contendo sangue de carneiro hemolisado a 5% e incubada a 37 °C num frasco com vela durante 24 horas. Após 24 horas de incubação, no dia seguinte, o *A. lignieresii e o H. influenzae* foram semeados em ágar-sangue e ágar-chocolate, respetivamente. Ambas as bactérias foram preservadas através da inoculação de 100 µl de glicerol a 50% em frascos criogénicos com 100 µl da sua cultura em caldo de um dia para o outro.

3.3 Confirmação bacteriológica e bioquímica de *Pasteurella multocida*

3.3.1 Método bacteriológico

A *Pasteurella multocida* foi cultivada em ágar sangue. As características culturais das colónias foram estudadas e sujeitas a coloração de Gram, coloração de cápsulas, coloração de esporos e teste de motilidade.

3.3.2 Caracterização bioquímica

As colónias de *P. multocida* foram submetidas a testes bioquímicos, como o teste da catalase, o teste da oxidase, o teste IMViC (utilização de indole, vermelho de metilo, Voges-Proskauer, citrato), TSI, teste de fermentação do açúcar para diferentes açúcares, nomeadamente dextrose, sacarose, maltose, galactose, lactose, manitol, dulcitol, sorbitol, arabinose, salicina e trealose, de acordo com Cowan e Steel (1965):

1. Teste da catalase

Uma colónia de uma cultura fresca em placa de ágar BHI ou em placa de ágar-sangue foi colhida com uma ansa de inoculação estéril e colocada numa lâmina de microscópio limpa. Foi adicionada uma gota de peróxido de hidrogénio a 3% e a lâmina foi examinada para verificar se havia borbulhas no espaço de 10 segundos, de acordo com o procedimento descrito por Carter e Cole (1990).

2. Teste da oxidase

O reagente oxidante (monocloreto de para-amino-dimetil-anilina) foi colocado num papel absorvente; o crescimento bacteriano fresco foi retirado da placa de ágar BHI ou de ágar-sangue com uma ansa de inoculação estéril e esfregado suavemente no papel. Desenvolveu-se uma cor violeta profunda, interpretada como uma reação positiva (Carter e Cole, 1990).

3. Ensaio do indole

Inoculou-se 5 ml de água peptonada estéril com 1 ml de cultura bacteriana e incubou-se a 370C durante 48 h. Para testar a produção de indol, adicionou-se 0,5 ml de reagente de Kovac (p-dimetil amino benzaldeído) ao longo das paredes laterais do tubo de caldo, agitou-se bem e examinou-se após um minuto. Um anel cor-de-rosa no topo do tubo indicará um teste positivo (Cruickshank, 1975).

4.   Teste do vermelho de metilo e teste de Voges-Proskauer

Os testes do vermelho de metilo (MR) e de Voges-Proskauer (VP) foram lidos a partir de um único tubo inoculado de caldo MR-VP. Após 48 h de incubação, o caldo MR-VP foi dividido em dois tubos. Um tubo foi utilizado para o teste MR, o outro foi utilizado para o teste VP. Em seguida, adicionou-se o indicador de pH vermelho de metilo e um teste MR positivo foi indicado pela cor vermelho cereja. Para o teste VP, foram adicionados ao caldo de ensaio os reagentes Barritt's A (alfa-naftol) e Barritt's B (hidróxido de potássio). Num teste positivo, desenvolve-se uma cor cor de vinho rosa após 20 a 30 minutos (Cruickshank, 1975).

5.   Teste de utilização de citrato

O meio de citrato Simmons foi utilizado neste teste para determinar se a bactéria pode crescer utilizando o citrato como seu único carbono ou não. A cultura bacteriana recém-preparada foi colhida e semeada na lâmina de ágar citrato de Simmons e incubada a 370C durante 24 h. O crescimento durante a incubação resulta na mudança de cor do meio de verde para azul, o que é positivo para o teste de utilização de citrato.

6.   Ágar-ferro triplo com açúcar

De acordo com Carter e Cole 1990, as culturas bacterianas testadas foram espetadas na extremidade e na parte inclinada do tubo de ágar de ferro triplo açucarado (TSI) e incubadas a 370C durante 24 h. Após a conclusão do período de incubação, foi registada a alteração da cor do meio.

7.   Ensaio de fermentação do açúcar

O teste de fermentação do açúcar foi efectuado separadamente de acordo com o procedimento descrito por Ryan e Ray (2004). Inoculou-se uma alça cheia de culturas bacterianas de um dia para o outro em tubos de ensaio contendo meio de açúcar, vermelho de fenol como indicador e tubos de Durham em posição invertida para a determinação da capacidade das bactérias para utilizar o açúcar e a produção de gás. Os tubos foram incubados a 370C durante uma noite. A produção de ácido foi indicada pela mudança de cor do meio de rosa para amarelo e a produção de gás foi indicada pelo aparecimento de bolhas de gás nos tubos de fermentação de Durham invertidos.

3.4   Deteção molecular de isolados de *P. multocida* por PM-PCR

A identificação molecular de *P. multocida* foi detectada por PM-PCR utilizando primers de oligonucleótidos específicos da espécie KMT17 e KMT1SP6 (Quadro 1), tal como indicado por Townsend *et al.* (1998).

Quadro 1: Primers utilizados para a deteção de isolados de *P. multocida*

S. No.	Primer gene	Primer Sequence (5'----3')	Amplicon size	Reference
1.	KMT1T7	ATCCGCTATTTACCCAGTGG	450bp	Townsend *et*
	KMT1SP6	GCTGTAAACGAACTCGCCAC		*al.* (1998)

As reacções de PCR foram realizadas em tubos de PCR de 0,2 ml. O ensaio de PCR foi efectuado num termociclador Eppendorf com tampa aquecida. A mistura de reação no tubo PCR foi centrifugada num centrifugador de microcentrífuga para depositar os reagentes no fundo. A composição da mistura de reação PCR utilizada para a PM-PCR é apresentada na Tabela 2 e as condições PCR seguidas para a PM-PCR são apresentadas na Tabela 5.

Tabela 2: Composição da mistura PM-PCR

Components	Amount (µl)
5x PCR buffer	5
25mM MgCl2	1
KMT1SP6	0.5
KMTSP6	0.5
dNTP's	0.5
DNA polymerase	0.125
Nuclease free water	To 25
Template	colony

3.5 Tipagem molecular de *P. multocida*

O isolado de *P. multocida* confirmado por PCR foi submetido à caraterização molecular dos antigénios capsulares utilizando primers do gene Cap B (Quadro 3) por PCR com as condições de reação indicadas no Quadro 5.

Quadro 3: Primers utilizados para a tipagem capsular

S. No.	Primer gene	Primer Sequence (5'----3')	Amplicon size	Reference
1.	Cap B F	CATTTATCCAAGCTCCACC	760 bp	Townsend *et al.* (1998)
	Cap B F	GCCCGAGAGTTTCAATCC		

A composição da mistura de reação PCR utilizada para a PCR capsular para o gene Cap B é apresentada no quadro 4.

Quadro 4: Composição da mistura-mãe para a PCR capsular

Components	Amount (µl)
5x PCR buffer	10
25mM MgCl2	1
Cap B F	0.5
Cap B R	0.5
dNTP's	0.5
DNA polymerase	0.125
Nuclease free water	To 25
Template	2.0

Tabela 5: Condições de PCR seguidas para a PM-PCR e a PCR capsular

Protocol	KMT1	Cap B
Initial denaturation	95°C, 2 min	95°C, 4 min
Denaturation	95°C,1min	95°C, 1 min
Anealing	45°C,1min	55°C, 1 min
Extension	72°C,0.5min	72°C, 1 min
Final extension	75°C,5 min	72°C, 9 min
Hold	16°C	16°C
Cycles no.	25	30

3.4 Amplificação de fagos

Inoculou-se 200 µl de cultura ER2537 de um dia para o outro e 1 µl de stock de fago em caldo de fago (20 ml) contendo tetraciclina (20mg/ml) num balão de 250 ml e incubou-se de um dia para o outro numa incubadora com agitador a 37,0°C, 250rpm. Após a incubação de um dia para o outro, a cultura foi transferida para um tubo falcon (Tarson) e centrifugada a 4500 g durante 10 min a 4,0°C numa centrífuga (Eppendorf).

Sem perturbar o pellet de células, o sobrenadante foi decantado para um novo tubo falcon e a centrifugação foi repetida. A centrifugação foi repetida até não se observar qualquer pellet de células bacterianas. Após a centrifugação final, 80% do sobrenadante foi pipetado para um novo tubo e 1/6 do volume da solução PEG/NaCl (20% de polietilenoglicol e 2,5M de cloreto de sódio) foi adicionado ao sobrenadante. O sobrenadante com fagos foi deixado a precipitar durante 60 minutos a uma noite (de preferência) a 4,0°C. No dia seguinte, o precipitado de PEG que permaneceu durante a noite foi centrifugado em tubos oak ridge a 12.000 g durante 15 minutos a 4,0°C. O sobrenadante foi decantado e o tubo foi novamente centrifugado durante 30 s a 1 min. O sobrenadante residual foi removido com uma pipeta. O sedimento foi ressuspenso em 1 ml de TBS (solução salina tamponada com Tris). Esta suspensão foi transferida para um tubo de microcentrifugação e centrifugada durante 5 minutos a 4,0°C para sedimentar as células residuais. O sobrenadante foi transferido para um novo tubo de microcentrifugação e novamente precipitado com 1/6 do volume de PEG/NaCl. Este tubo foi incubado em gelo durante 15 a 60 minutos e, em seguida, centrifugado durante 10 minutos numa microcentrífuga a 4,0°C. O sobrenadante foi eliminado e o tubo foi novamente centrifugado durante 30 s a 1 min. Qualquer sobrenadante residual foi removido com uma micropipeta. O sedimento foi ressuspenso em 200 µl de TBS e depois microcentrifugado durante 1 min. O sobrenadante foi transferido para um novo tubo de microcentrifugação.

3.5 Titulação de fagos

Para determinar o número de fagos presentes na biblioteca de reserva, inoculou-se 1 ul de uma cultura nocturna de ER2738 em caldo BHI (10 ml) contendo tetraciclina (20mg/ml) num frasco Erlenmeyer de 250 ml e incubou-se a 37°C durante 4-5 horas numa incubadora com agitador (250 rpm). Enquanto as células cresciam, o ágar superior foi derretido num micro-ondas e, em seguida, 1 ml foi distribuído em tubos estéreis (um por cada diluição esperada de fago), os tubos foram mantidos a 50°C num banho de água. As placas de agarose de fago contendo tetraciclina (20mg/ml) foram então revestidas com 10µl de X-gal e 100 µl de IPTG com L- spreader. As placas foram então pré-aquecidas durante pelo menos 30-60 minutos a 37°C. Foram preparadas diluições seriadas de cem vezes de fago em TBS. A cultura de ER2738 em (500 µl) foi dispensada em tubos de microcentrífuga e depois foi adicionada a diluição de fago (100 µl). A mistura da cultura ER2738 com o fago (600 µl) foi imediatamente agitada em vórtex e incubada à temperatura ambiente durante 15 minutos e, em seguida, a mistura foi adicionada à agarose superior. Os tubos que continham a mistura foram agitados para misturar corretamente a cultura e vertidos na placa de agarose IPTG-Xgal previamente aquecida. As placas foram suavemente inclinadas para espalhar a mistura, arrefecidas e incubadas a 37°C durante a noite. As placas azuis nas placas que tinham aproximadamente 30-300 placas foram contadas e cada número multiplicado pelo fator de diluição para essa placa para obter o título do fago em unidades formadoras de placas (pfu) por 100 µl.

3.3 Visão geral da biologia dos fagos filamentosos

Os fagos filamentosos são um grupo de fagos não líticos que incorporam ADN redondo de cadeia simples. A família de Ff, M13, fd e fl são fagos vitais que têm utilidade na exposição de fagos, entre os quais o fago M13 é o mais utilizado. O fago M13 é um bacteriófago com (6-7) nm de diâmetro e 900 nm de comprimento e é membro da família F positiva. A caraterística mais importante é que, ao contrário de outros fagos, o M13 pode ser facilmente purificado e utilizado. A replicação do fago M13 inicia-se através da ligação do M13 ao seu recetor na célula bacteriana (pílus F bacteriano). Por conseguinte, as células bacterianas que contêm pili foram infectadas com fagos M13. De facto, a célula bacteriana funciona como uma fábrica de produção de fagos M13. Os fagos M13 não matam as células hospedeiras, mas retardam o crescimento celular devido ao stress na produção de partículas de fago. O genoma do fago M13 tem 6407 pb de comprimento e codifica três grupos de proteínas do fago: 1 - proteínas envolvidas na replicação (pII, pX e pV), 2 - morfogenéticas (pI e pIV) e 3 - estruturais (pVIII, pIII, pVI, pVII e pIX). As proteínas de revestimento dos fagos são classificadas em proteínas maiores (pVIII) e menores (PIII e pVI). Cada fago tem cerca de 2700 cópias de pVIII. A região N-terminal da pIII desempenha um papel importante na ligação do fago ao F-pilus da bactéria. O processo de infeção da célula bacteriana inicia-se com a ligação da pIII das partículas de fago ao F-pilus. Cada fago contém três a cinco proteínas pIII numa das extremidades. Em seguida, o ADN de cadeia simples, com a ajuda de enzimas citoplasmáticas da bactéria, converte-se em ADN de cadeia dupla, que é conhecido como forma replicativa (RF). A proteína pV do fago liga-se ao ADN de cadeia simples e inibe a sua conversão para a forma replicativa. De facto, a quantidade de pV desempenha um papel crítico na conversão do ADN de cadeia simples em RF. A montagem das partículas de fago começa a partir da membrana interna da bactéria com a ajuda de pI, pIV e pXI. pVII e pIX desempenham um papel na secreção do fago. pV é substituído por pVIII durante a deportação e, em seguida, pVI e pIII são adicionados ao final do fago. Na primeira geração de infeção bacteriana, são produzidas cerca de 1000 partículas de fago, que diminuem para 100 a 200 partículas por geração nas etapas seguintes.

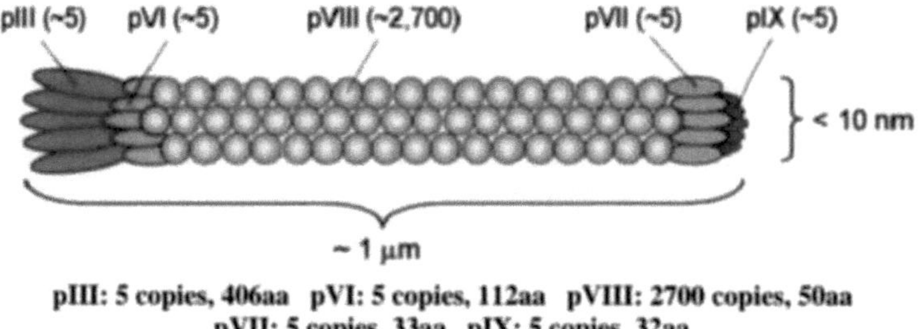

Fig. 3.1 : A configuração de um fago M13 filamentoso (Willats, 2002).

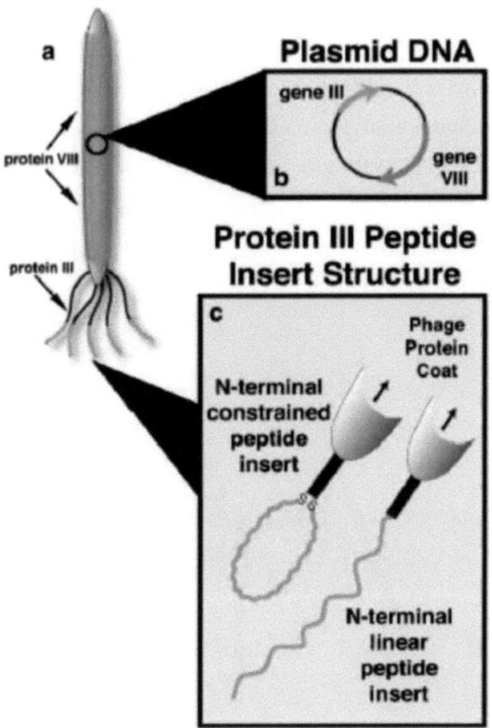

Fig. 3.2 : Esquema das estruturas peptídicas inseridas nas proteínas pIII

(a) As proteínas menores pIII (laranja) e as proteínas maiores pVIII (verde) do fago filamentoso M13 estão destacadas

(b) O ADN de cadeia simples dos fagos M13 inclui o genoma gIII e o genoma gVIII

(c) Dois tipos de estruturas de péptidos inseridos no terminal da proteína pIII (Flynn *et al.* (2003)

3.9 Estratégia de bioplaneamento

Existem diferentes métodos para a exposição de fagos, por exemplo, a exposição contra alvos revestidos à superfície, a exposição contra alvos revestidos com esferas e o método de biopanning em suspensão. Neste estudo, seguiu-se o método de biopanning em suspensão, de modo a diminuir as ligações não específicas com a albumina de soro bovino (BSA), na superfície da placa de microtítulo. Neste estudo, o biopanning foi efectuado contra a *P. multocida* para selecionar ligandos ou péptidos específicos. Mas *a P. multocida* partilha o seu antigénio de superfície com outros membros das *Pasteurellaceae*, como a *H. influenzae* e a *A. lignieresii*. Para evitar a seleção de fagos que apresentem ligações cruzadas com estes dois membros da *Pasteurellaceae*. Assim, podem ser feitas várias metodologias que incluam protocolos de seleção positiva e negativa no biopanning. Assim, para este estudo, pode haver três estratégias para biopanning mostradas na figura 3.3.

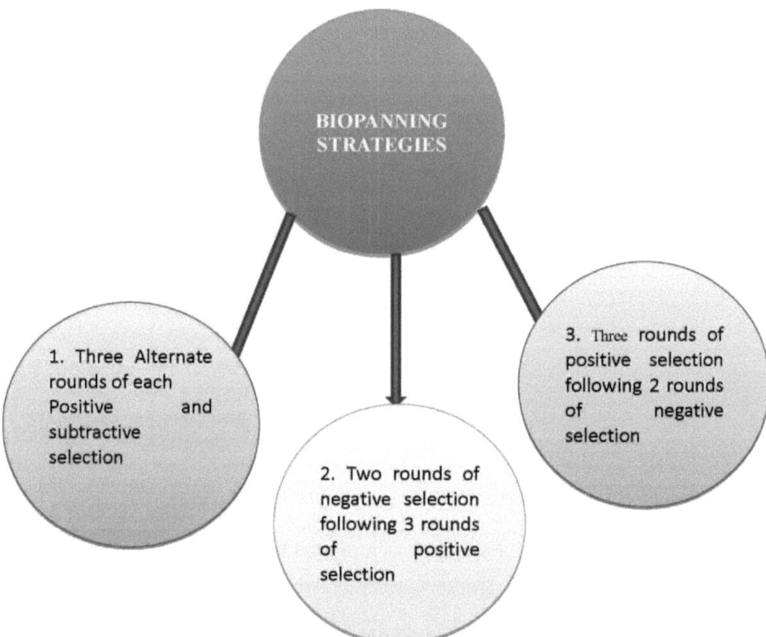

Fig. 3.3: Estratégias de bioprospecção

De entre estas estratégias, foi seguida a metodologia de biopanning de seleção positiva/negativa alternada.

3.10 Seleção de ligandos contra *P. multocida* B:2 utilizando biopanning em suspensão

A exposição de fagos foi efectuada incubando a biblioteca de exposição de fagos (Ph.D.-12, *New England Biolabs)* com o material-alvo desejado, lavando os fagos não ligados e eluindo os fagos fortemente ligados. Os fagos eluídos foram amplificados através da infeção da estirpe bacteriana hospedeira ER2738 e purificados. Estas etapas são designadas por rondas de biopanning, que enriquecem o conjunto em favor das sequências de ligação. Esta sequência de passos foi repetida para enriquecer os clones de fagos com a afinidade de ligação ao material alvo até se obterem sequências de péptidos consensuais. No entanto, nem todos os materiais conduzem a sequências de péptidos consensuais. Neste caso, o ciclo de biopanning é interrompido até se obterem sequências de péptidos com afinidade de ligação preferencialmente forte ao material-alvo específico. Após cada ronda, foram seleccionadas colónias individuais para sequenciação de ADN e, em seguida, caracterizadas para avaliar a afinidade de ligação específica para o alvo com Enzyme-Linked Immunosorbent Assay ELISA).

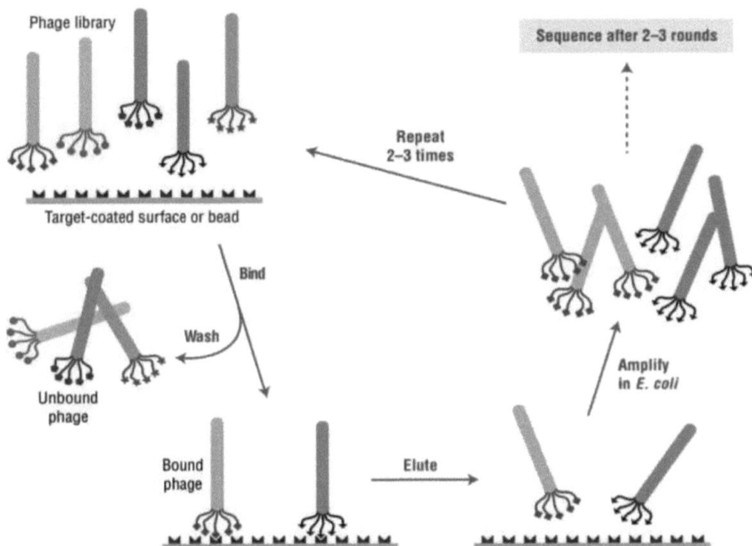

Fig. 3.4: Esquema da técnica de exposição de fagos (Manual NEB).

O protocolo de exposição de fagos e os outros métodos aplicados durante o procedimento de exposição de fagos são discutidos em pormenor a seguir.

3.10.1 Seleção positiva

A seleção positiva foi feita contra *Pasteurella multocida* B:2. Neste caso, foram adicionados fagos à *P. multocida* para selecionar os fagos que se ligam especificamente.

Os passos seguidos para as rondas de seleção positiva foram os seguintes

1. Encadernação

A seleção positiva foi efectuada num frasco de cultura de fundo em U. Preparou-se uma solução de 10- 100pg/ml de *P. multocida* em NaHCO3 0,1M e transferiu-se 100µl desta solução para o frasco. Em seguida, um volume igual de fagos amplificados (100µl) de concentração 2×10^{12} pfu/ml foi adicionado à *P. multocida* no frasco. Esta suspensão fago - *P. multocida* foi incubada à temperatura ambiente com agitação constante a 150rpm durante 1-2 horas. Após 2 horas de ligação, a suspensão foi centrifugada a 4500 × g durante 5 minutos a 4°C. Os fagos não ligados permanecem no sobrenadante, que foi rejeitado durante a realização da seleção positiva contra *P. multocida*. O pellet deixado no fundo do tubo de microcentrifugação contém fagos ligados às bactérias. Por isso, foram efectuadas lavagens com centrifugações repetidas.

2. Lavagem

Esta etapa foi efectuada para remover os fagos inespecíficos ou fracamente ligados às bactérias ou à superfície do tubo de microcentrifugação. O sedimento foi lavado 10 vezes com TBST (solução salina tamponada com Tris + 0,4% [v/v] de Tween) com centrifugação repetida e, depois de lavar com TBST, foram efectuadas as três lavagens seguintes com TBS (solução salina tamponada com Tris). Depois de completar as lavagens, a suspensão foi centrifugada e o sobrenadante foi eliminado.

3. Eluição

Foi adicionado 1 ml de tampão de eluição ao sedimento de células bacterianas e fagos e o sedimento foi ressuspendido corretamente. Em seguida, foi mantido a 4°C durante 1 hora.

4. Neutralização

Após 1 hora de eluição, foi adicionado tampão de neutralização ao tampão de eluição a 150 gl/ml de tampão de eluição. Em seguida, o sobrenadante foi centrifugado a 4500 g durante 5 min. Em seguida, o sobrenadante foi recolhido num novo tubo de centrifugação e o sedimento foi eliminado.

3.10.2 Seleção negativa

Antes de realizar a ronda de seleção negativa, os fagos eluídos da seleção positiva foram primeiro amplificados e titulados para conhecer a concentração de fagos amplificados. Após a titulação, foram utilizados 100 µl de 10^{13} pfu/ml de concentração de fagos para a seleção negativa. Na seleção negativa, a seleção foi feita contra *H. influenzae* e *A. Iignieresii*. A seleção negativa foi feita para descartar os fagos que mostraram ligação à *P. multocida* durante a seleção positiva, mas que também mostraram eficiência de ligação a outros membros da família *Pasteurellaceae*. Os passos seguidos durante a seleção negativa foram os seguintes

Encadernação

A seleção negativa também foi efectuada num frasco de cultura com fundo em U. Preparou-se uma solução de 10100 pg/ml de *H. influenzae* e *A. lignieresii* em NaHCO $0,1M_3$ e transferiu-se 50µl de ambas as soluções de cultura para o frasco. Em seguida, o mesmo volume de fagos amplificados (100µl) de concentração 2×10^{12} pfu/ml foi adicionado à *P. multocida* no frasco. Esta suspensão fago - *P. multocida* foi incubada à temperatura ambiente com agitação constante a 150rpm durante 1-2 horas. Após 2 horas de ligação, a suspensão foi centrifugada a $4500 \times$ g durante 5 minutos a 4°C. Os fagos não ligados permanecem no sobrenadante, que foi transferido para um novo tubo eppendorf. Estes fagos não ligados no sobrenadante foram utilizados para a segunda ronda da seleção positiva.

Do mesmo modo, foram efectuadas três rondas de seleção positiva e negativa, de modo a isolar fagos mais específicos com maior eficiência de ligação à *P. multocida*. O processo seguido de metodologia de seleção positiva e negativa alternada é apresentado na figura 3.5

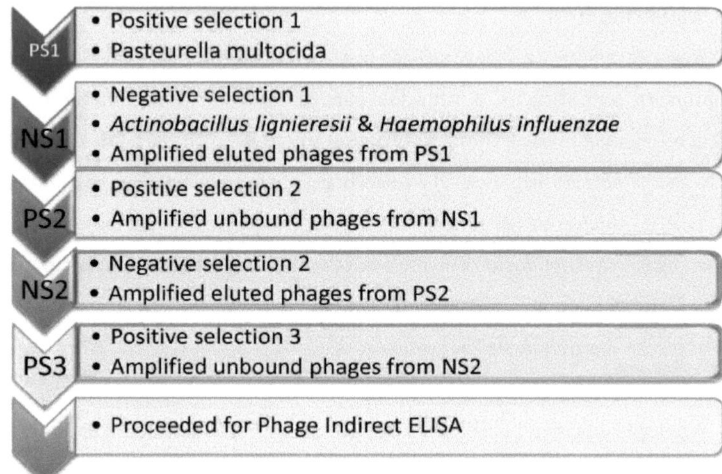

Fig. 3.5: Metodologia de seleção positiva e negativa alternada

3.11   Rastreio azul-branco

Esta experiência foi realizada para estimar os títulos de fagos no final de cada ronda de biopanejamento. A experiência de rastreio blue-white tem três etapas, nomeadamente, a preparação de placas Xgal/IPTG, a diluição em série de amostras de fagos eluídos e a estimativa dos títulos de fagos para cada ronda.

3.11.1   Preparação de placas de agarose de fagos revestidas com placas Xgal/IPTG

100 μl de IPTG e 10μl de Xgal foram espalhados em placas de agarose de fago com a ajuda de um espalhador em L. As placas foram armazenadas a 4°C para utilização posterior.

3.11.2   Diluição em série de amostras de fagos

990 μl de tampão TBS foram pipetados para 12 tubos de centrifugação. Foram adicionados 10 μl de fago eluído ao primeiro tubo de centrifugação e misturados corretamente por pipetagem. Foram efectuadas diluições de cem vezes da centrífuga 1

para a centrífuga 12, retirando amostras de 100 μl dos poços anteriores e, em seguida, transferindo 10 μl para o tubo de centrifugação seguinte.

3.11.3 Cálculo dos títulos de fagos:

Após diluições em série, as placas de agarose de fago revestidas com x-gal e IPTG, previamente preparadas e armazenadas a 4^0 C, foram colocadas a 37 °C. Alíquotas de 1 ml de ágar melt top (para placa de Petri de 55 mm) ou 3 ml (para placa de Petri de 90 mm) foram colocadas em tubos de vidro serológico de 5 ml e estes tubos foram colocados num banho de água a 55 °C para evitar a solidificação até à realização de outros processos. *A E. coli* ER2738 foi inoculada em caldo BHI (10 ml) contendo tetraciclina (20mg/ml) num frasco Erlenmeyer de 250 ml e incubada a 37°C durante 4-5 horas numa incubadora com agitador (250 rpm). Após o período de incubação, 500 μl de cultura de *E. coli* ER2738 e 100 μl de amostra de fago diluída foram colocados num tubo eppendorf de 1,5 ml. A mistura de fago - *E. coli* ER2738 foi adicionada a 1 ml de ágar melt top e vertida em placas de Petri de agarose de fago - Xgal/IPTG. Todas as placas de Petri foram mantidas de cabeça para baixo e incubadas a 37°C durante uma noite. Após o período de incubação, foram obtidas placas azuis (Figura 3-4 (b)). A placa com 30~100 placas de cada solução de página eluída foi escolhida para calcular a quantidade de fago com a equação que se segue:

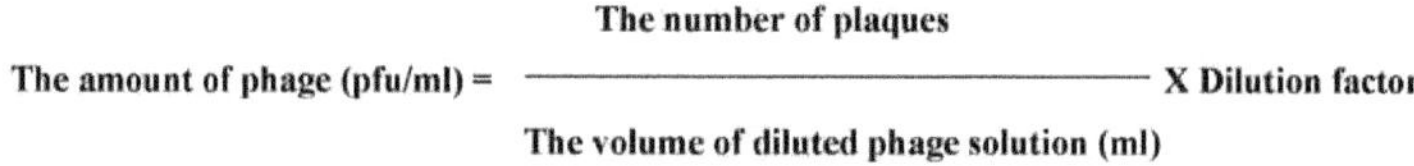

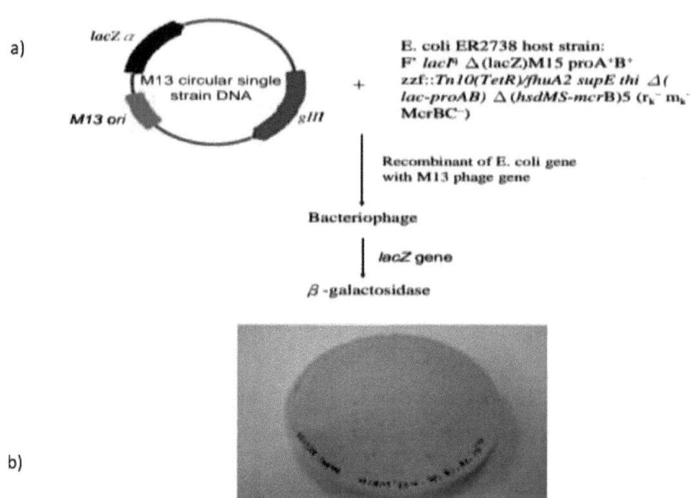

Fig. 3.6: Esquema do ecrã azul-branco.

(a) Esquema do bacteriófago com o gene lacZ.

(b) Um exemplo do rastreio a preto e branco: as manchas azuis na placa de ágar LB são clones de fago M13.

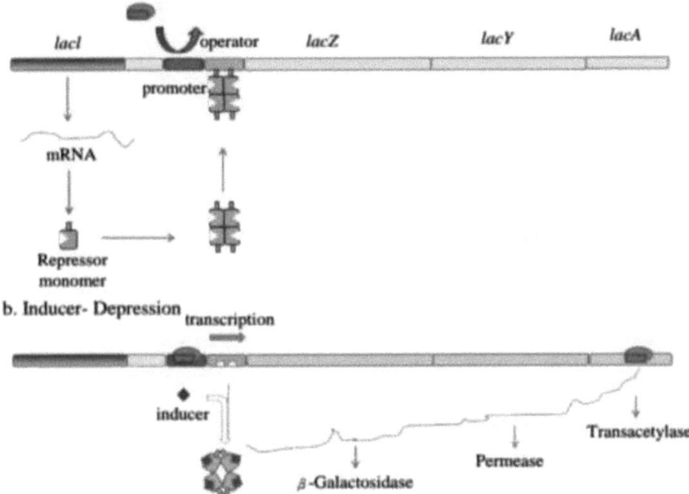

Fig. 3.7 : Reação de metabolização do Xgal sob a ação da β-galactosidase

Fig. 3.8 : Mecanismo de rastreio do branco azul

3.11 Recolha de placas para ELISA

Depois de completadas as três rondas de seleção positiva e negativa, foi selecionada uma placa com 30-300 placas a partir da placa final de panning. Do total de placas, foram escolhidas aleatoriamente algumas placas para a realização do ensaio

ELISA indireto com fagos. Pipetou-se 1 ml de tampão de suspensão pré-aquecido (55°C) em cada tubo de centrifugação para cada placa. As placas da placa foram colhidas com a ajuda de uma microponta romba, esfaqueando diretamente a placa. Esses tampões de agarose contendo fagos foram então mantidos para eluição em 1 ml de tampão de suspensão (55°C) durante 2-4 horas. Estes fagos eluídos foram então amplificados separadamente até à concentração de 2×10^{13} pfu/ml por incubação durante a noite com ER2738 a 37°C com agitação constante (250rpm). No dia seguinte, os fagos amplificados foram precipitados com PEG/NaCl durante 2-4 horas a 4°C e titulados para conhecer a concentração de fagos amplificados.

3.12 ELISA indireto de fagos

1. Revestimento

Uma placa de microtítulo de 96 poços de fundo plano revestida com 100µl de solução de *P. multocida* em NaHCO3 0,1M a 100pg/ml. Incubar durante a noite a 4°C numa caixa humidificada hermética (por exemplo, uma caixa de plástico selável forrada com toalhas de papel húmidas).

2. Bloqueio

O excesso de solução-alvo foi sacudido e a placa foi colocada com a face para baixo numa toalha de papel. O bloqueio foi efectuado enchendo completamente o poço com 100 µl de tampão de bloqueio e incubado a 4 °C durante 1 hora. O tampão de bloqueio foi eliminado batendo com a placa sobre papel absorvente.

3. Lavagem

A placa foi lavada 5 vezes com TBST a 0,1% e, de cada vez, colocada com a face voltada para baixo numa secção limpa de papel-toalha.

4. Adicionar a suspensão de fagos

Foram adicionados 100µl de suspensão de fagos de placas seleccionadas amplificadas ao poço e incubados a 4 °C durante 1 hora. Após a incubação, a suspensão restante foi eliminada e procedeu-se novamente à lavagem - 5 vezes.

5. Lavagem

Lavar -5 vezes com 0,1%TBST como na etapa 3.

6. Anticorpo primário

Em seguida, adicionou-se 100µl de anticorpo primário M13 de fago filamentoso criado em ratinho (1:2500) a cada poço revestido. Incubar à temperatura ambiente durante 1 hora.

7. Lavagem

Lavar -5 vezes com 0,1%TBST como na etapa 3.

8. Anticorpo secundário

Adicionou-se 100µl de anticorpo secundário conjugado com peroxidase de IgG de ratinho (1:10.000) em cada poço revestido. Incubar à temperatura ambiente durante 1 hora.

9. Lavagem

Lavar -5 vezes com 0,1%TBST como na etapa 3.

10. Substrato

Em seguida, adicionou-se 100 µl de substrato OPD (dicloridrato de o-fenilenodiamina). A densidade ótica foi registada após 15-30 minutos da adição do substrato a 450 nm de absorvância no leitor ELISA.

3.14 Sequenciação de ADN

Os fagos com elevada afinidade de ligação podem ser enviados para sequenciação. Para efeitos de sequenciação do ADN dos clones de fagos M13. Foram fornecidos primers de sequenciação -96 gIII primer de sequenciação (5' - HOCCC TCA TAG TTA GCG TAA CG - 3', 100 pmol, --28 gIII primer de sequenciação 5'- HOGTA TGG GAT TTT GCT AAA CAA C - 3', 100 pmol, 1 pmol/µl1 pmol/µl) de New England Biolabs.

CAPÍTULO 4 : RESULTADOS E DISCUSSÃO

4.1   Caracterização bacteriológica e bioquímica de *Pasteurella multocida*

4.1.1   Características bacteriológicas de *P. multocida*

As colónias de *Pasteurella multocida* em ágar sangue de ovelha a 5% eram pequenas, circulares, acinzentadas, brilhantes e não hemolíticas. Não se registou qualquer crescimento no ágar de lactose de McConkey (MLA). Na coloração de Gram foram observados coccobacilos gram-negativos. As bactérias não formavam esporos e não eram capsulares. Estes resultados são semelhantes aos resultados de Bergey *et al.* (1923), Topley e Wilson (1929), Little e Loyn (1943), Mayer (1958), De Alwis (1996) e Anupama *et al.* (2003).

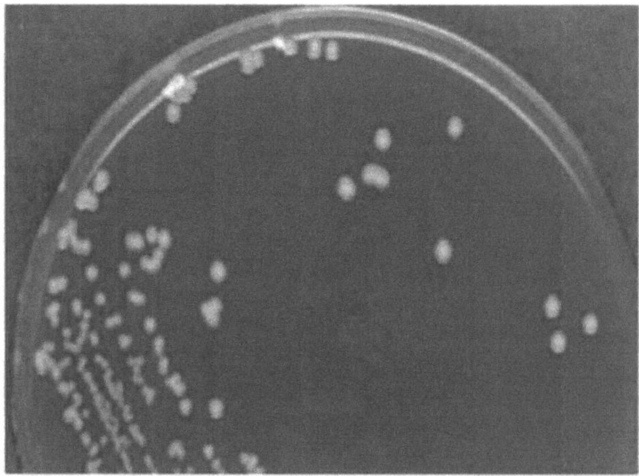

Placa 1: Colónias de *Pasteurella multocida* em ágar sangue após 48 horas de incubação a 37° C

4.1.2   Características bioquímicas de *P. multocida*

O caldo BHI de *Pasteurella multocida* durante a noite foi submetido a testes bioquímicos, cujos resultados são apresentados no quadro 6.

Quadro 6: Testes bioquímicos *para P. multocida.*

Biochemical test	Results
Catalase	+
Oxidase	+
Motility	-
Indole test	+
Methyl red test	-
Voges- proskauer test	-
Citrate utilization	-
TSI	Acidic slant and butt

A Pasteurella multocida foi positiva para a catalase e a oxidase. Resultados semelhantes foram também registados por Shigidi e Mustafa (1979), Chandrasekaran *et al.* (1981) e Verma (1991).

Nas reacções de fermentação do açúcar, *a Pasteurella multocida* foi considerada positiva para a sacarose e a glucose. Os mesmos resultados de fermentação da glucose foram também registados por Dao *et al.* (1973), Shigidi e Mustafa (1979), Verma (1991), Chawak *et al.* (2000).

Butt *et al.* (2003) mostraram que os isolados de *P. multocida* deram resultados de fermentação positivos para glicose e sorbitol e nenhum deles fermentou lactose e salicina.

P. multocida não foi capaz de fermentar maltose e lactose. Resultados semelhantes foram encontrados por Kumar *et al.* (1996), Butt *et al.* (2003) e Chawak *et al.* (2000). Enquanto que De Alwis (1996), Das e Bhagwan (1997) registaram variabilidade na fermentação da maltose em *isolados de P. multocida nos* seus estudos.

No presente estudo, *a P. multocida* não conseguiu fermentar a arabinose. Este facto está de acordo com as conclusões de Verma (1991), que estudou a *P. multocida* de origem suína. Murti (1971) e Karaivanov (1984) demonstraram que a maioria dos isolados de aves fermentam a arabinose, ao passo que os isolados de mamíferos não fermentam a arabinose; estes resultados são diferentes dos do presente estudo, em que todos os isolados de aves de capoeira não fermentaram a arabinose. A variabilidade na fermentação da arabinose foi observada por Kumar *et al.* (1996) e Rutkowska e Borkowska (2000).

Em resultado, o isolado de P. *multocida* do departamento exibiu a maioria das mesmas características que são encontradas noutros estudos de P. *multocida.*

4.2   Confirmação de *P. multocida* por PCR

Após a caraterização bacteriológica e bioquímica de *P. multocida, o* isolado foi confirmado por PM-PCR. Utilizando o conjunto de primers, KMT1SP6 e KMT1T7

Townsend et *al.* (1998), foi amplificado um produto de PCR de 460 pb, como se mostra na placa 2. Estas conclusões confirmaram os resultados e estão de acordo com Townsend *et al.* (1998), Lee *et al.* (2000), Townsend *et al.* (2000) e Dutta *et al.* (2001), que registaram um produto amplificado de aproximadamente 460 pb em todos os isolados de *P. multocida. A E. coli* utilizada como controlo negativo no presente estudo não apresentou qualquer amplificação.

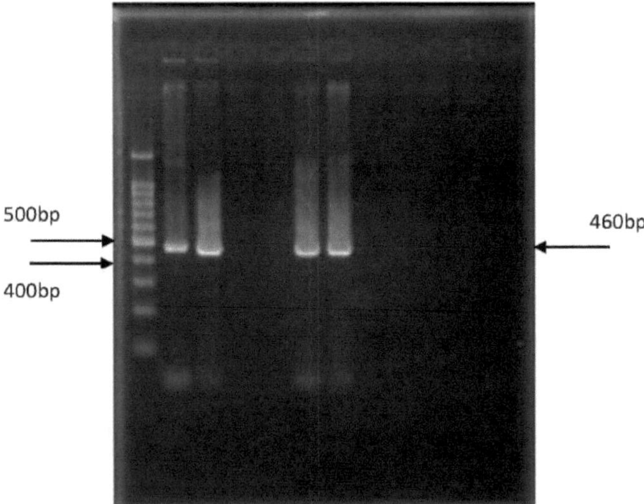

Placa 2: As linhas 1,2,5 e 6 mostraram o amplicon do gene específico de *P. multocida* de 460 pb. L- Escada de 100 pb.

Townsend *et al.* (1998) referiram que o mesmo par de iniciadores permitiu a amplificação de todas as estirpes de *P. multocida* (serótipos A, B, D, E e F), três subespécies, ou seja, *P. multocida* subsp. *multocida, P. multocida* subsp. *gallicida, P. multocida* subsp. *septic* e também *P. canis* biótipo 2. Também referiram que a amplificação positiva do ADN de *P. canis* biótipo 2 poderia dever-se ao facto de a estirpe ter sido originalmente classificada como estirpe semelhante a *P. multocida*, designada como taxon 13. Dutta *et al.* (2001) também efectuaram PM-PCR utilizando vários serótipos de *P. multocida.* Também utilizaram lisado de cultura bacteriana mista contendo *P. multocida* e obtiveram resultados semelhantes aos obtidos em cultura pura. Assim, é evidente no seu estudo que a outra contaminação bacteriana não afecta a especificidade da identificação de isolados de *P. multocida* com base na PM-PCR. É evidente, com base nestes resultados e em relatórios anteriores relacionados, que a PM-PCR permite a identificação rápida de isolados de *P. multocida*, independentemente dos serótipos.

4.2 Confirmação de *P. multocida* B:2 por PCR capsular

A caraterização molecular dos antigénios capsulares de *P. multocida* foi realizada por PCR multiplex utilizando pares de iniciadores específicos para diferentes serogrupos (A, B, D, E e F), previamente relatados por Townsend *et al.* (1998).

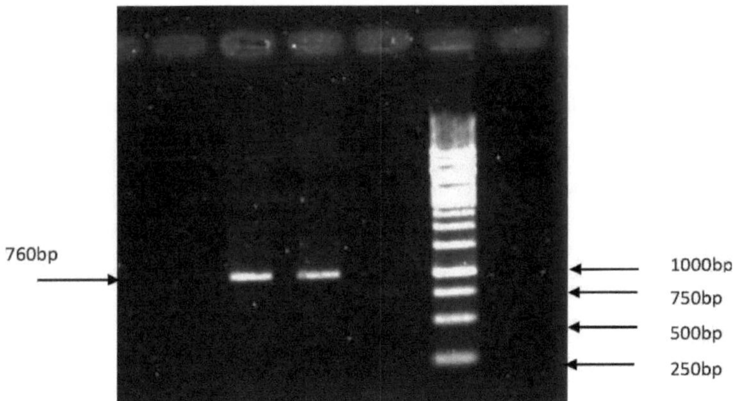

Placa 3: As pistas 2 e 3 mostraram o amplicon do gene específico de *P. multocida* tipo B de 760 pb. L- Escada de 1000 pb.

4.4 Recuperação e confirmação de *Actinobacillus Iignieresii* e *Hemophilus influenzae*

Os isolados de *A. lignieresii* e *H. influenzae* foram encomendados ao MTCC (Microbial type cell culture and gene bank). *A. lignieresii* e *H. influenzae* foram inoculados em caldo BHI e caldo BHI com 5% de sangue de carneiro hemolisado desfibrinado, respetivamente. Após 24 horas de incubação, o ágar sangue com *A. lignieresii* e o ágar chocolate com *H. influenzae* foram semeados e incubados durante a noite. As colónias bacterianas foram analisadas quanto às suas características culturais e morfológicas.

4.4.1 Características de *A. Iignieresii*

As colónias de *A. Iignieresii* (MTCC n.º 3351) eram pequenas, acinzentadas, lisas, viscosas, pegajosas e não hemolíticas em ágar sangue. As bactérias eram coccobacilos Gram-negativos, catalase positivos e não-móveis. Foi observada a produção de H2S quando inoculadas em TSI (Triple Sugar Iron) slant. Songer e Post, (2005) referiram que os organismos são cocobacilos Gram-negativos que, na coloração de Gram, podem ter um aspeto de "código Morse".

4.4.2 Características de *H. influenzae*

As colónias de *H. influenzae* (MTCC n.º 3826) eram acinzentadas, convexas, lisas e mucóides em ágar chocolate incubado a 37°C em frasco de vela. As bactérias tinham a forma de cocobacilos Gram-negativos. As colónias eram catalase e oxidase positivas, não móveis. O crescimento de *H. influenzae* em ágar chocolate é apresentado na figura 2.

Placa 4: Colónias acinzentadas, lisas e mucóides de H. influenzae em ágar chocolate

4.5   Recuperação e titulação da biblioteca de exposição de fagos Ph.D.-12

A bactéria hospedeira do fago fornecido, E2738 *(E. coli)*, foi primeiro amplificada a partir do seu stock de glicerol a 50%. A biblioteca de fagos de 12 mers fornecida foi titulada para estimar a concentração real de unidades formadoras de placas (pfu) na biblioteca de fagos fornecida. As diluições foram feitas com 1 µl de stock de fagos e foi efectuada a sementeira em placas. A concentração do stock de fagos foi de 1,8 $\times$ 10^{11} pfu/ml.

Os fagos de reserva foram amplificados infectando o fago logarítmico *E. coli* e incubando-o durante a noite a 37°C com agitação constante a 250rpm. Os fagos amplificados foram depois precipitados com PEG-NaCl a 20% a 4°C e os fagos precipitados foram reconstituídos em TBS. Estes fagos amplificados foram novamente titulados para conhecer a concentração de fagos após a amplificação, que se verificou ser de 2,1x10^{12} pfu/100 µl. As placas tituladas foram azuladas em placas IPTG/X-gal. Rao *et al.* (2013) descreveram que a razão das placas azuis se deve à complementação alfa, o vetor de fago M13 utilizado para preparar a biblioteca transporta o gene lacZβ, que codifica a β-galactosidase (β-gal). A incubação de bactérias infectadas com o fago na presença de IPTG induzirá a produção de β-gal e a β-gal hidrolisará a X-gal para criar placas azuis. As placas azuis foram contadas para determinar a concentração de fagos. Esta concentração foi utilizada como a concentração inicial que foi submetida à ronda 1 de seleção positiva de panning contra *P. multocida.*

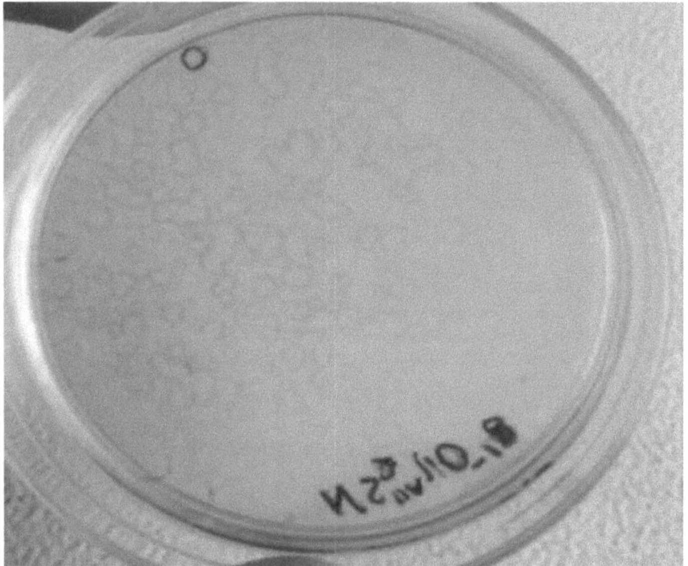

Placa 5: Placas azuis em placas de agarose de fagos IPTG/X-gal

4.6 Seleção de ligandos contra *P. multocida* B:2 utilizando biopanning em suspensão

Neste estudo, seguiu-se o método de suspensão para a seleção. No entanto, outros métodos para a seleção de fagos, como o método da placa e o método da esfera revestida com alvo, também foram referidos na literatura de Bishop-Hurley *et al.* (2005). Para a seleção, seguiu-se uma metodologia alternativa de seleção e subtração, na qual os fagos amplificados foram submetidos a uma seleção positiva contra *P. multocida.* Os fagos ligados ao seu alvo foram depois eluídos, amplificados e submetidos a uma seleção negativa contra *A. lignieresii* e *H. influenza.* Na seleção negativa ou subtractiva, os fagos não ligados foram recolhidos e amplificados para a ronda de seleção seguinte. Os fagos ligados durante esta ronda de seleção negativa/subtractiva foram eliminados por se terem ligado ao alvo não pretendido. No total, foram realizadas três rondas deste padrão de panning e, após a última ronda de panning, foram seleccionados alguns fagos. A figura 4.1 apresenta uma representação esquemática do procedimento seguido para a seleção seletiva.

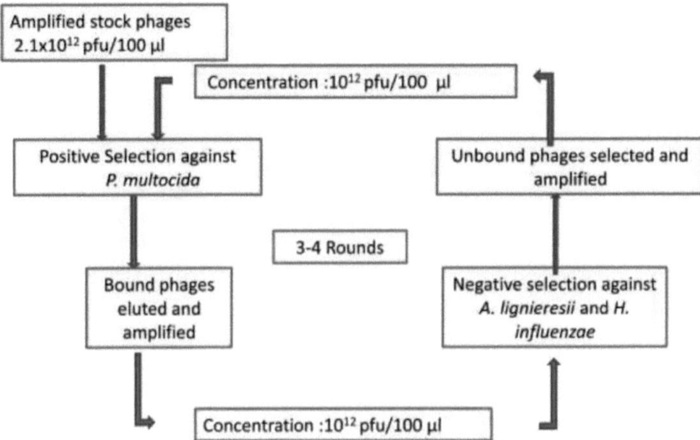

Fig. 4.1 : Representação esquemática do método de seleção alternativo de panning

4.6.1 Primeira ronda de pesquisa contra *P. multocida*

4.6.1a Seleção positiva (PS1)

Os 100 µl de fagos amplificados de concentração $2,1x10^{13}$ pfu/ml foram adicionados a 100 µl de *P. multocida* em NaHCO $0,1M_3$ e incubados durante a noite à temperatura ambiente. Após a incubação, os fagos não ligados foram eliminados e, após repetidas lavagens, os fagos ligados foram eluídos e titulados para estimar a recuperação dos fagos. Após a primeira seleção positiva (PS1), verificou-se que o título era de $5,8 \times 10^6$ pfu/ml. Para efetuar a seleção negativa da primeira ronda, estes fagos recuperados foram amplificados até à concentração de $1,6 \times 10^{14}$ pfu/ml.

4.6.1b Seleção negativa (NS1)

A concentração de fagos amplificados eluídos do PS1 foi reduzida de $1,6 \times 10^{14}$ pfu/ml para 10^{13} pfu/ml, de modo a realizar a seleção negativa (NS1) da primeira ronda. Depois de incubar 100 µl de fagos e 100µl de *A. lignieresii* e *H. influenzae* em NaHCO3 0,1M, os fagos não ligados foram recolhidos. Os fagos recolhidos foram centrifugados a

4500 g durante 5 minutos para remover as bactérias. Estes fagos foram titulados para conhecer a concentração de fagos não ligados, que se verificou ser de $2,8 \times 10^{11}$ pfu/ml. Estes fagos foram amplificados durante a noite até à concentração de $4,1 \times 10^{14}$ pfu/ml. Os fagos foram então levados à concentração de 10^{13} pfu/ml para efetuar a segunda ronda de panning.

4.6.2 Primeira ronda de testes de despistagem contra *P. multocida*
4.6.2a Seleção positiva (PS2)

Com os fagos amplificados não ligados de NS1, foi efectuada a segunda ronda de seleção positiva (PS2). Após a PS2, a concentração de fagos eluídos foi de $1,3 \times 10^{11}$ pfu/ml. Estes fagos eluídos foram amplificados para uma concentração de $2,2 \times 10^{12}$ pfu/ml. Esta concentração foi aplicada à segunda ronda de seleção negativa (NS2).

4.6.2b Seleção negativa 2 (NS2)

2.2×10^{12} pfu/100µl fagos foram submetidos à segunda ronda de seleção negativa (NS2). Desta concentração, $1,4 \times 10^{12}$ pfu/ml foram deixados sem ligação. Em seguida, esses fagos foram amplificados até a concentração de $9,1 \times 10^{16}$ pfu/ml. Estes fagos amplificados foram então levados à concentração de 10^{13} pfu/ml para a terceira ronda de panning.

4.6.3 Terceira ronda de testes de despistagem contra *P. multocida*
4.6.3 Seleção *Positiva* 3 (PS3)

Os fagos amplificados não ligados de NS2 foram levados para a terceira ronda de seleção positiva (PS3). Os fagos eluídos foram titulados e a concentração encontrada foi de $4,8 \times 10^{12}$ pfu/ml.

Na última ronda de seleção positiva (PS3) de panning foram isoladas 48 placas. Destas 48 placas, foram seleccionadas 16 placas para fazer o rastreio da ligação por afinidade com *P. multocida* através de um ensaio ELISA indireto com fagos.

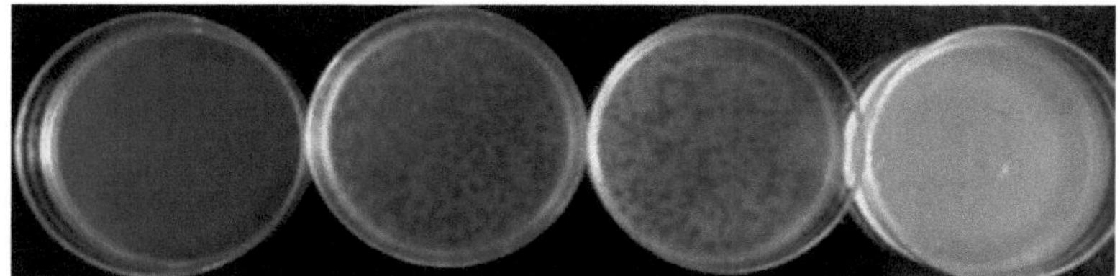

Placa 6: Diferentes diluições de seleção positiva (PS2)- 10^{-12} , 10^{-10} , 10 , 10^{-8-6}

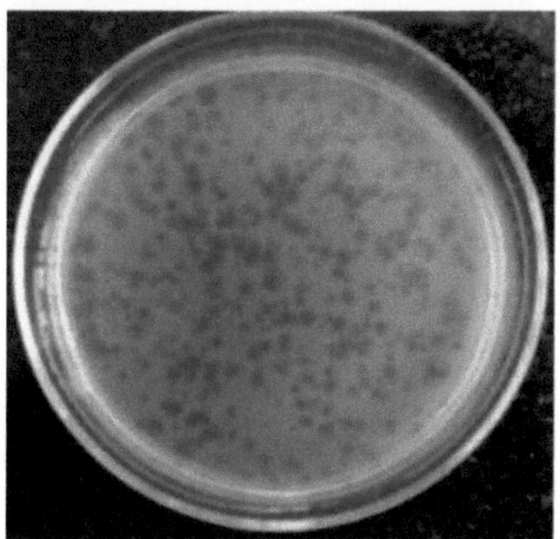

Placa 7: Placa representativa com 30-300 placas (esta diluição foi selecionada para a ronda seguinte)

O quadro 7 apresenta um resumo dos fagos recuperados e amplificados durante as três rondas de seleção positiva e negativa da metodologia de seleção alternativa de panning contra *P. multocida*.

Tabela 7: Fagos recuperados e amplificados durante as diferentes rondas de seleção.

SELECTION	ROUND NO.	RECOVERED (pfu/ml)	AMPLIFIED (pfu/ml)
POSITIVE	PS1	5.8×10^{6}	1.6×10^{14}

NEGATIVE	NS1	2.8×10^{11}	4.1×10^{14}
POSITIVE	PS2	1.3×10^{11}	2.2×10^{12}
NEGATIVE	NS2	1.4×10^{12}	9.1×10^{16}
POSITIVE	PS3	4.8×10^{12}	

Neste estudo, a diminuição do número de fagos não específicos e de fagos que se ligam especificamente à *P. multocida* aumentou com cada ronda de seleção e amplificação iterativas. Em PS1, a eficiência de ligação foi de 0,00001%, tendo aumentado para 31,7% em PS2 após uma única ronda de seleção negativa. Em PS3, a eficiência de ligação foi de 18,9%. Por conseguinte, verificou-se um aumento global da eficiência de ligação dos fagos ao seu alvo no final da ronda final de seleção.

4.7 Seleção de placas para Phage Indirect-ELISA (phage iELISA)

Um total de 16 placas individuais e separadas foram recolhidas das placas vertidas para a contagem de placas após a terceira ronda de seleção positiva. Isto foi feito com a ajuda de uma microponta esterilizada sem corte. Os fagos contidos nos tampões de agarose foram mantidos para eluição no tampão de suspensão. Cada fago foi amplificado até ao título de 10^{13} pfu/ml.

Os 16 fagos seleccionados foram: A1, A2, A3, A4, A5, A6, A7, A8, B1, B2, B3, B4, B5, B6, B7, B8. Estes foram testados quanto à sua ligação específica à *P. multocida* utilizando o ensaio fágico-ELISA indireto (iELISA). O iELISA foi efectuado em duas concentrações de fago de 10^7 pfu/ml e 10^{12} pfu/ml.

4.7.2 Phage iELISA (10^7 pfu/ml)

Uma placa de microtítulo de 96 poços de fundo plano foi revestida com uma suspensão de *P. multocida*. Após o revestimento, os locais não revestidos foram bloqueados com tampão de bloqueio. Em seguida, foram aplicados 100 µl de 10^7 pfu/ml de fagos na placa revestida e bloqueada. Foram utilizados dois anticorpos: anticorpo anti-fago filamentoso M13 (1:2500) e anticorpo conjugado com peroxidase

IgG de ratinho (1:10.000). Depois de adicionar o substrato OPD à placa, a reação foi observada durante 15-30 minutos e a densidade ótica foi medida a 450 nm de absorvância.

Os resultados da DO medida a 450 nm do iELISA são apresentados na figura 4.2.

	1	2	3	4	5	6	7	8	9	10	11	12	
A1	0.077	0.077	0.078							0.085	0.088	0.090	B1
A2	0.076	0.075	0.069							0.082	0.087	0.084	B2
A3	0.085	0.089	0.074							0.095	0.090	0.087	B3
A4	0.072	0.082	0.062							0.079	0.078	0.073	B4
A5	0.089	0.087	0.074							0.086	0.087	0.084	B5
A6	0.082	0.082	0.075							0.089	0.092	0.098	B6
A7	0.084	0.077	0.076							0.084	0.094	0.085	B7
A8	0.057	0.060	0.058							0.061	0.069	0.071	B8

Concentration 10^7 pfu/ml

Fig 4.2: As LANE 1,2,3,10,11,12 são revestidas com *P. multocida*. Considerando que A1, A2, A3, A4, A5, A6, A7, A8 e B1, B2, B3, B4, B5, B6, B7, B8 são os fagos seleccionados adicionados na respectiva coluna

Destes 16 fagos, as densidades ópticas dos fagos B6, B7, B3, B5 e A5 foram superiores às dos restantes 11 fagos. Os valores comparativos de DO destes fagos de elevada afinidade quando testados por iELISA contra *A. lignieresii* e *H. influenzae são* apresentados na figura 4.3.

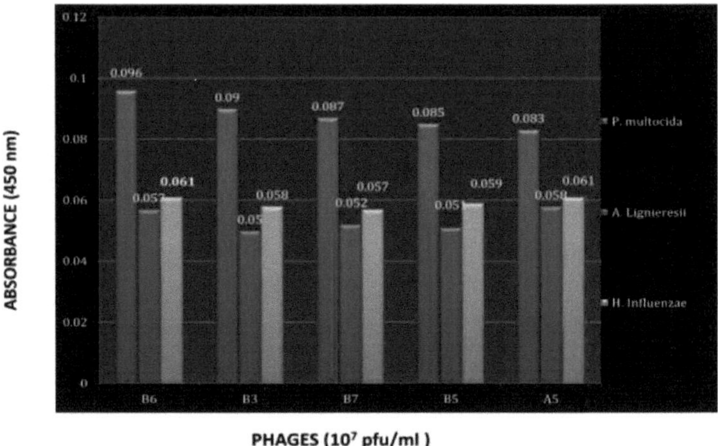

Fig 4.3: Comparação das densidades ópticas de *P. multocida, A. lignieresii, H. influenzae* 10^6 pfu/100µl a 450nm de absorvância

4.7.3   Phage iELISA (10^{12} pfu/ml)

No segundo Phage iELISA, a concentração de fagos foi aumentada para 10^{12} pfu/ml por amplificação. A diluição dos anticorpos foi mantida ao mesmo nível que no primeiro Phage iELISA com 10^7 pfu/ml. Verificou-se um aumento de 1,78 vezes na absorvância a 450 nm com o aumento da concentração do fago que se liga ao seu alvo. Melemborg *et al.* (1997), numa tentativa de estimar a eficiência da infeção alvo-específica de fagos, demonstraram uma relação linear entre o número de células e os eventos infecciosos. Sang J. (2014) demonstrou um aumento linear da ligação entre as concentrações de 10^8 e a concentração máxima testada de 10^9 pfu/ml. Os seus resultados também demonstraram que, no seu estudo, o ELISA detectou o fago ligado se a concentração de fago fosse superior a 10^7 pfu/ml. Com um título de placa de 10^{12} pfu/ml, a densidade ótica (D.O.) a 450nm é apresentada na figura 4.4.

A1	0.156	0.155	0.155							0.151	0.164	0.149	B1
A2	0.151	0.169	0.151							0.165	0.168	0.160	B2
A3	0.153	0.168	0.145							0.166	0.181	0.168	B3
A4	0.146	0.151	0.157							0.162	0.156	0.158	B4
A5	0.150	0.154	0.145							0.152	0.152	0.165	B5
A6	0.153	0.149	0.148							0.157	0.160	0.160	B6
A7	0.177	0.148	0.149							0.159	0.172	0.159	B7
A8	0.164	0.168	0.152							0.152	0.142	0.142	B8

Concentration 10¹² pfu/ml

Fig. 4.4: A concentração de fagos é de 10^{12} pfu/ml, LANE 1,2,3,10,11,12 é revestida com P. multocida. Considerando que A1, A2, A3, A4, A5, A6, A7, A8 e B1, B2, B3, B4, B5, B6, B7, B8 foram os fagos seleccionados adicionados à respectiva coluna

A comparação da D.O. da afinidade de ligação dos fagos a *P. multocida, A. lignieresii* e *H. influenzae* dos fagos B6, B3,B7, B5 e A5 a uma concentração de 10^{12} pfu/ml foi apresentada na figura 4.5.

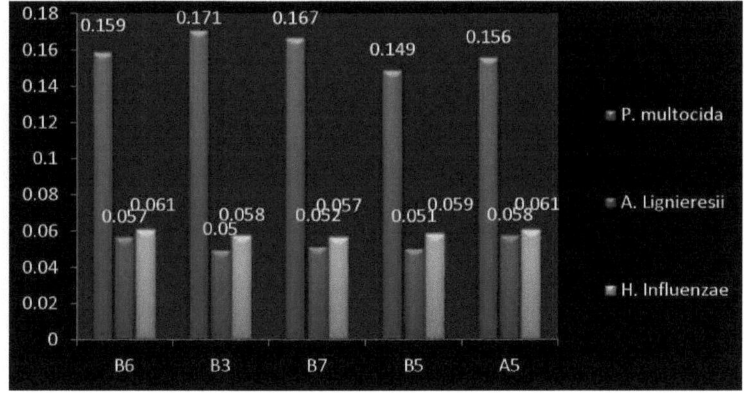

Fig 4.5: Comparação das densidades ópticas *de P. multocida, A. lignieresii e H. influenzae* quando a concentração de fago foi de 10^{11} pfu/100pl a 450 nm de

absorvância

Verificaram-se diferenças acentuadas nas densidades ópticas quando o ELISA foi efectuado com duas concentrações diferentes de fagos. A densidade ótica a uma concentração de fagos de 107 pfu/ml foi menor do que a densidade ótica a 10^{12} pfu/ml. É óbvio que, a uma concentração mais elevada, mais fagos se ligariam ao seu alvo *P. multocida*, resultando em mais locais de ligação para o anticorpo primário se ligar ao seu antigénio, neste caso, a proteína de revestimento M13. Este aumento das densidades ópticas foi descrito em muitos outros estudos, nos quais foi explicado que, a partir da afinidade do processo de seleção, a densidade e a acessibilidade dos antigénios da superfície celular são, em grande medida, determinadas por Hoogenboom *et al.* (1999).

A especificidade e a avidez dos péptidos que se ligam ao seu alvo *P. multocida* poderiam ter sido aumentadas através da incorporação de algumas alterações nos protocolos de seleção, tais como o aumento do rigor durante as fases de lavagem e eluição, a alteração da concentração do alvo, a utilização de diferentes tampões ou a alteração do formato de biopanning. No tampão de lavagem, em vez de utilizar 0,1% e 0,5% de Tween, foi utilizada uma concentração de 0,4% de Tween, o que ajudou a remover eficazmente os fagos não ligados. Podem ser efectuadas outras modificações semelhantes a vários níveis para obter ligantes específicos. Pode ser utilizado um maior número de rondas de seleção para aumentar o conjunto de fagos mais específicos. Neste estudo, seguiu-se o método de seleção por suspensão em vez do procedimento de panning de superfície, a fim de ultrapassar a limitação da seleção de fagos não específicos para o formato BSA. No entanto, no formato de suspensão da seleção, foi possível evitar a ligação não específica dos fagos a outras proteínas e superfícies.

4.7 Sequenciação de ADN

Os clones de fagos isolados, depois de analisados pelo teste iELISA para verificar a sua sensibilidade e especificidade, devem ser caracterizados por sequenciação do ADN utilizando os iniciadores de sequenciação fornecidos com o kit de bibliotecas. Trata-se do iniciador de sequenciação -96 gIII 5'- HOCCC TCA TAG TTA GCG TAA CG -3', e do iniciador de sequenciação -28 gIII 5'- HOGTA TGG GAT TTT GCT AAA CAA C -3', que foram enviados para obter a sequência de ADN inserida dos clones de fagos seleccionados.

Após a obtenção da sequência de ADN da fusão gIII, os códigos de ADN da fusão gIII podem ser traduzidos em sequências de aminoácidos de péptidos de 12 mers com a ferramenta de tradução de ADN para proteínas.

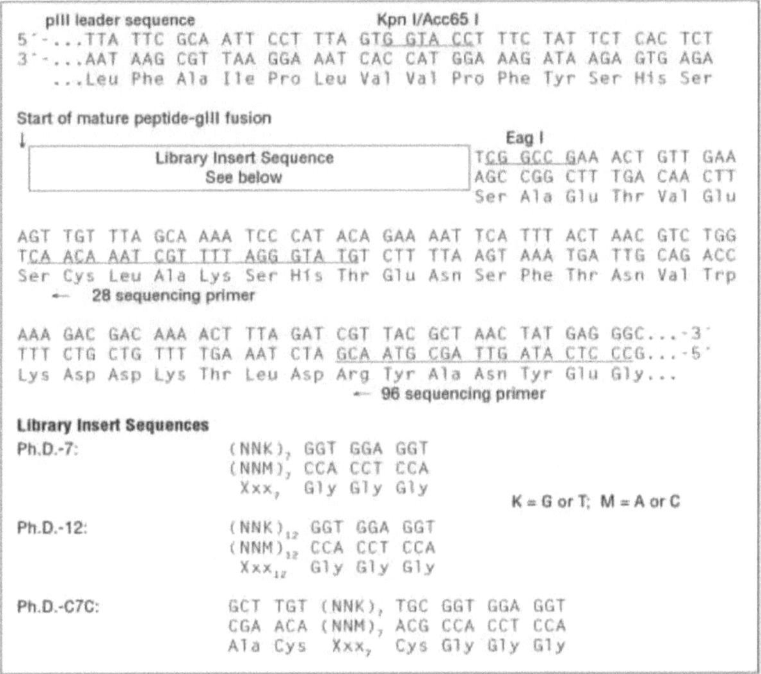

Fig.4.6: Sequência das fusões biblioteca de péptidos aleatórios-gIII. Cada biblioteca é expressa com uma sequência líder N-terminal que é removida após a secreção na posição indicada pela seta, resultando no peptídeo aleatório posicionado diretamente no N-terminal da proteína madura. As posições de hibridação dos primers de sequenciação -28 e -96 estão indicadas.

Todo este processo permite ao investigador selecionar clones para modificações genéticas posteriores, a fim de melhorar a utilidade dos ligandos como diagnóstico ou terapêutica. Os fragmentos de genes para os péptidos seleccionados codificados nos clones de fagos seleccionados podem ser expressos heterologamente ou sintetizados artificialmente, permitindo a introdução de mutações desejadas para melhorar a ligação ou o poder neutralizante dos ligandos. Após a transferência dos fragmentos de genes para um vetor de expressão de proteínas, as proteínas específicas do ligando podem ser purificadas por cromatografia de afinidade para testes posteriores e para o fim a que se destinam.

Utilizando estas abordagens, os trabalhadores isolaram com êxito fagos, reagentes, anticorpos, péptidos contra uma variedade de alvos, incluindo agentes patogénicos, cancros, biomarcadores, etc. Foi utilizada esta tecnologia para isolar ligandos específicos capazes de perturbar a fisiologia bacteriana sem conhecimento prévio dos receptores/epítopos envolvidos (Bishop-Hurley *et al.*, 2005). Em particular, a exposição de fagos tem sido utilizada para gerar peptídeos de diagnóstico e terapêuticos para agentes patogénicos, incluindo bactérias Bishop-Hurley *et al.* (2005), Sorokulova *et al.* (2005), Carnazza *et al.* (2008), fungos Bishop-Hurley *et al.* (2005) e esporos. Dennis e colaboradores Dennis *et al.* (2002), construíram e utilizaram bibliotecas de fagos de péptidos cíclicos limitados por dissulfureto M13 para isolar péptidos específicos de HSA.

A abordagem atual, que envolveu a utilização de uma biblioteca de exposição de péptidos sintéticos e de biopanning em suspensão, combinada com ciclos alternados de seleção/subtração, foi bem sucedida no isolamento de um grande número de clones de fagos que apresentavam péptidos que se ligavam especificamente ao alvo pretendido da *P. multocida*. De entre os vários clones de ligação, cinco clones apresentaram maior afinidade e avidez e não mostraram reatividade cruzada com *H. influenza* e *A. ligneresii*. Estes clones devem ser caracterizados exaustivamente no futuro quanto aos seus atributos estruturais e funcionais, de modo a permitir a sua utilização em aplicações de diagnóstico ou terapêuticas.

CAPÍTULO 5 : RESUMO

1. Isolamento, cultura e caraterização de bactérias

Este estudo foi realizado com o objetivo de selecionar péptidos com elevada afinidade de ligação à *P. multocida* B:2, para que possam ser utilizados como diagnóstico ou como antimicrobianos. Para o efeito, foi utilizada uma biblioteca de péptidos sintéticos, a biblioteca Ph.D.-12 phage display. A fim de obter ligantes/peptídeos específicos apenas para *P. multocida, Actinobacillus lignieresii* e *Hemophilus influenzae,* foram também utilizados outros membros da família *Pasteurellaceae* para desmarcar os fagos que apresentavam peptídeos contra estes dois géneros. *P. multocidaB:2* da cultura de reserva preservada no Departamento de Microbiologia Veterinária foi revivida em caldo BHI e subsequentemente semeada em ágar de sangue de carneiro desfibrinado a 5% para obter colónias simples puras. *A. lignieresii* e *H. influenzae* foram obtidos do Microbial Type Cell Culture and Gene Bank (MTCC) () com os números MTCC 3351 e 3286, respetivamente. O *A. lignieresii foi inoculado* em caldo BHI e incubado aerobicamente e *o H. influenzae* foi inoculado em caldo BHI contendo 5% de sangue de carneiro desfibrinado e hemolisado, de modo a fornecer heme e fator NAD, incubado em frasco de vela a 37°C. Além disso, ambos os isolados foram semeados em ágar sangue e ágar chocolate, respetivamente, e incubados a 37°C durante a noite. Todos os isolados foram então submetidos à caraterização bacteriológica e bioquímica e a testes de fermentação de açúcar para a confirmação dos isolados. Os três géneros possuíam características típicas do seu género-tipo. *P. multocida* foi também confirmada por métodos moleculares utilizando PM-PCR com um conjunto de primersKMT1SP6 e KMT1T7 (Townsend *et al.* 1998). Foi amplificado um produto APCR de 460 pb. Posteriormente, as colónias de *P. multocida* foram submetidas a PCR multiplex para determinar o seu tipo capsular, utilizando primers específicos para diferentes serogrupos (A, B, D, E e F), previamente descritos por Townsend *et al.* (1998). Um amplicon de 760 pb indicou que a *P. multocida* pertencia ao serótipo B

2. Recuperação e titulação da biblioteca de exposição de fagos Ph.D.-12

A biblioteca de exposição de fagos Ph.D.-12, com um volume de 100 microlitros e uma concentração de 10^{13} pfu/ml, foi adquirida à New England Biolabs (NEB). A biblioteca foi primeiro titulada para conhecer a concentração real dos fagos fornecidos. Foram feitas várias diluições de 1 µl da biblioteca de fagos de reserva para titulação e a concentração da reserva de fagos foi regidada como $1,8 \times 10^{11}$ pfu/ml em vez de 10^{13} pfu/ml. Estes fagos de reserva foram amplificados em primeiro lugar e os componentes da biblioteca original foram armazenados de acordo com as directrizes dos fornecedores. As restantes experiências foram efectuadas com fagos amplificados. Após a titulação, verificou-se que a concentração de fagos amplificados era de $2,1 \times 10^{12}$ pfu/100 µl.

3. Seleção de ligandos contra *P. multocida* B:2 (método de suspensão de Panning)

Seguiu-se o método de suspensão de panning para a seleção dos ligandos/peptídeos específicos contra a *P. multocida*. Seguiu-se uma metodologia de seleção alternativa para a seleção positiva e negativa no método de suspensão de panning. A seleção positiva foi feita contra a *P. multocida* e a seleção negativa foi feita contra *A. Iignieresii* e *H. influenzae*. Foram realizadas três rondas de cada seleção positiva e negativa. Na primeira ronda de seleção positiva (PS1), os fagos recuperados foram $5,8 \times 10^{6}$ pfu/ml. Para realizar a primeira ronda de seleção negativa (NS1), os fagos foram primeiro amplificados para 10^{13} pfu/ml e, em seguida, aplicados e autorizados a ligar-se à cultura em suspensão de *A. Iignieresii* e *H. influenzae*. Os fagos não ligados foram recuperados e o seu título foi de $2,8 \times 10^{11}$ pfu/ml. Para a segunda ronda de seleção positiva (PS2), estes fagos não ligados foram novamente amplificados e, de 10^{13} pfu/ml, foram recuperados $1,3 \times 10^{11}$ pfu/ml. Os fagos do PS2 foram amplificados para realizar a segunda ronda de seleção negativa (NS2), na qual a recuperação de fagos não ligados foi de $1,4 \times 10^{12}$ pfu/ml. Para a última ronda de seleção positiva (PS3), os fagos não ligados foram amplificados e foram aplicados 10^{13} pfu/ml, tendo sido recuperados $4,8 \times 10^{12}$ pfu/ml.

4. Seleção de placas para obter fagos clonais

A fim de determinar a afinidade específica de ligação dos fagos à *P. multocida*, foi realizado um ensaio ELISA indireto de fagos. Após a seleção positiva final (PS3) da ronda 3, das 48 placas, 16 placas de fagos, a saber, A1, A2, A3, A4, A5, A6, A7, A8, B1, B2, B3, B4, B5, B6, B7, B8, foram seleccionadas e amplificadas separadamente. A afinidade de ligação destes fagos clonais foi estimada através da realização de um ensaio iELISA para fagos.

5. ELISA indireto de fagos

Foram efectuadas duas experiências de iELISA com fagos. Na primeira experiência, a concentração do fago foi mantida em 10^6 pfu/100 µl e a densidade ótica (D.O.) foi medida a 450 nm de absorvância. Nesta experiência, 5 clones de fagos, nomeadamente B6, B3, B7, B5 e B7, apresentaram uma ligação mais elevada do que os restantes clones, como indicado pela maior absorvância a 450 nm de comprimento de onda. Na segunda experiência, a concentração de fagos foi aumentada para 10^{12} pfu/100 µl, tendo sido registados valores de absorvância mais elevados a 450 nm de comprimento de onda. Registou-se um aumento de 1,7 vezes nos valores de absorvância na segunda experiência do iELISA. Isto demonstra claramente a necessidade de uma concentração óptima de diferentes reagentes no desenvolvimento de um ELISA robusto para obter resultados correctos. O iELISA utilizando estes fagos também foi realizado com *A. Iignieresii* e *H. influenzae,* mas não conseguiu ligar o seu alvo com a mesma intensidade que a observada com *P. multcida.* As leituras de densidade ótica para ambas as bactérias em ambas as concentrações de fago foram <0,061.

CONCLUSÃO

1. A biblioteca Ph.D-12 foi titulada e amplificada com êxito. A concentração inicial da biblioteca foi de $1,8 \times 10^{11}$ pfu/ml.

2. Em cada ronda, verificou-se uma diminuição acentuada dos fagos recuperados, o que indica uma abordagem de seleção racional. Dos 16 fagos, cinco fagos clonais, nomeadamente: B6, B3, B7, B5 e A5 ligaram-se ao seu alvo com maior intensidade, indicando que é possível selecionar ligandos peptídicos contra o alvo pretendido, neste caso *a P. multocida,* com elevada especificidade e intensidade.

LITERATURA CITADA

Abera D, Sisay T e Birhanu T. 2014. Isolamento e identificação de *MannhemiaandPasteurella multocidaspecies* de gado pneumónico e aparentemente saudável e o seu padrão de suscetibilidade ao antibiograma no distrito de Bedelle, Etiópia Ocidental*Journal of bacteriology research* 6(5): 32-41

Al-Dughaym AM. 2001. Um surto de pasteurelose septicémica (septicemia hemorrágica) em bovinos leiteiros na região oriental da Arábia Saudita. *ScientificJournal of King Faisal University (Basic and Applied Sciences)* 2(1): 97-102

Al-Humam NA, Al-Dughaym AM, Mohammed GE, Housawi FM e Gameeel AA. 2004. Estudo sobre o isolamento e a patogenicidade da *Pasteurella multocidaTipo* A em vitelos na Arábia Saudita. *Jornal Paquistanês de Ciências Biológicas* 7(4): 460-463

Al-Marry KS, Dawoud TM, Mubarak AS, Hessain AM, Galal HM, Kabli SA e Mohamed MI. 2016. Caracterização molecular de antigénios capsulares de isolados de *Pasteurellamultocida* utilizando PCR multiplex. *Jornal Saudita de Ciências Biológicas*

Anupama, M.; Venkatesha, M.D.; Yasmeen, N. e Gowda, R.N.S. (2003). Avaliação da reação em cadeia da polimerase (PCR) para identificação de *Pasteurella multocida virulenta* e sua comparação com o teste de inoculação animal. *Indian Journal of Animal Science* 73:166-167

Arap W, Pasqualini R., e Ruoslahti E. 1998. Tratamento do cancro através da administração de fármacos específicos à vasculatura tumoral num modelo de rato. *Ciência* 279:377-380

Ashraf A, Tariq H, Shah S, Nadeem S, Manzoor I, Ali S, Ijaz A, Gailani S e Mehboob S . 2011. Caracterização de estirpes de *Pasteurella multocida* isoladas de bovinos e búfalos em Karachi, Paquistão. *Jornal Africano de Investigação Microbiológica* 5(26):4673-4677

Aski HS e Tabatabaei M. 2016. Ocorrência de genes associados à virulência em isolados de *Pasteurella multocida* obtidos de diferentes hospedeiros. *Patogénese microbiana* 96: 52-57

Baca M, Scanlan TS, Stephenson RC e Wells JA. 1997. Phage display de um anticorpo catalítico para otimizar a afinidade para a ligação de análogos do estado de transição. *Proceedings of the National Academy of Sciences of the United States of AmericaUSA* 94:1006310068

Barbas CF. 1993. Avanços recentes na exposição de fagos. Current Opinion Biotechnology 4:526-530

Barr FJ, Gibbs C e Brown PJ. 1986: The radiological features of primary lung tumours in the dog: a review of thirty-six cases. Journal of Small Animal Practice 27:493505

Banz AC e Gottfried SD. 2010. Hérnia diafragmática peritoneopericárdica: um estudo retrospetivo de 31 gatos e oito cães. *Jornal da Associação Americana de Hospitais* 46(6):398-404

Bergey DH, Harrison FC, Breed RS, Hammer BW e Huntoon FM. 1923. Género II. Flavobacterium gen. nov. *Bergey's Manual of Determinative Bacteriology97*:117

Bishop-Hurley SL, Schmidt FJ, Erwin AL e Smith AL. 2005. Os péptidos seleccionados para ligação a uma estirpe virulenta de *Haemophilus influenzae* por exposição a fagos são bactericidas. *Antimicrobial agents and chemotherapy 49(7):* 2972-2978

Bishop-Hurley SL, Rea PJ, e McSweeney CS. 2010. Os peptídeos exibidos por fagos seleccionados para ligação a Campylobacter jejuni são antimicrobianos. *Design e Seleção de Engenharia de Proteínas.* gzq050

Bonnycastle LLC, Mehroke JS, Rashed M, Gong X, e Scott JK. (1996). Sondagem da base da reatividade dos anticorpos com um painel de bibliotecas de peptídeos restritos apresentados por fagos filamentosos. *Jornal de Biologia Molecular* 258:747-762

Boyce JD e Adler B. 2001. A Pasteurella multocida B: 2 acapsular pode estimular a imunidade protetora contra a pasteurelose. *Infeção e imunidade* 69(3)19431946

Brar RS, Kaur P, Deepti, Arora AK e Jand SK. 2006. Deteção de *Pasteurella multocida* por isolamento e reação em cadeia da polimerase (PCR). *Indian Journal Comparative Microbiology, Immunology and Infectious Diseases* 27(2): 109-110

Burton, D. 1995. Exposição de fagos. *Immunotechnology.* 1(2): 87-94

Butt IA, Kausar T, Asadraza e Gill ZJ. (2003). Propriedades bioquímicas, serológicas e imunológicas de estirpes de *P. multocida* isoladas de um surto natural de septicemia hemorrágica. *Jornal de Ciências Biológicas do Paquistão1*:1-4

Cannon LE, Ladner RC e McCoy D. (1996). Tecnologia de exposição de fagos. *Diagnóstico in vitro* 2:22-28

Carnazza S, Foti C, Gioffre G., Felici F e Guglielmino S. 2008. Sondas específicas e selectivas para Pseudomonas aeruginosa a partir de bibliotecas de peptídeos aleatórios exibidos por fagos. *Biosensores e Bioelectrónica23(7)1137-1144*

Cesareni, G. (1992). Exposição de péptidos em cápsides de fagos filamentosos. Uma nova e poderosa ferramenta para estudar a interação proteína-ligante. *Federação das Sociedades Europeias de Bioquímica Cartas* 307(1): 66-70

Chandrasekaran S, Yeap PC e Chuink BH. (1981). Biochemical andserological studies of *Pasteurella multocida* isolated from cattle andbuffaloes in *Malaysian Veterinary Journal137*:361-367

Chawak MM, Verma KC, Kataria JM e Kamar AA. (2000). Caracterização de isolados indígenas de *Pasteurella multocida* aviária. *Indian Journal of Comparative Microbiology Immunology and Infectious Diseases* 21:111-114

Chawak MM, Verma KC e Kataria JM. 2001. Caracterização e propriedades imunitárias das proteínas da membrana externa de *Pasteurella multocida* cultivadas em meios com ferro suficiente e com ferro restrito. *Indian Journal of Comparative Microbiology Immunology and Infectious Diseases* 36-42

Chowdary M, Mitra J, Sarkar S, Samanta T e Roy BB. 2014. Diagnóstico baseado em

PCR e eletronmicroscopia de um surto de septicemia hemorrágica

em búfalos e seu controlo numa exploração agrícola de Bengala Ocidental, Índia. *Exploratory Animal and Medical Research* 4(1): 86-94

Clackson T, Hoogenboom HR, Griffiths AD, Winter G. 1991. Produção de fragmentos de anticorpos utilizando bibliotecas de exposição de fagos. *Nature352(6336y.* 624-628

Dabo SM, Taylor JD e Confer AW. 2007.*Pasteurella multocidaand* bovine respiratory disease. *Animal Health Research Reviews* 8(2): 129-50

Dao D, Bathke WO e Schimmel D. 1973. Papel da infeção por *Pasteurella* na doença respiratória de bezerros. I. Isolamento e caraterização do organismo. *Archiv fur ExperimentelleVeterinarmedizin27*:909-924.

De Alwis MCL. 1996. Septicemia hemorrágica: Características clínicas e epidemiológicas da doença. Int. Workshop sobre Diagnóstico e Controlo de H.S. Bali, Indonésia, 28-30 de maio.

de Haard HJ, van Neer N, Reurs A, Hufton SE, Roovers RC, Henderikx P, de Bruine AP, Arends JW, Hoogenboom HR.1999. Uma grande biblioteca de fagos de fragmentos Fab humanos não imunizados que permite o isolamento rápido e a análise cinética de anticorpos de alta afinidade. *Journal of Biological Chemistry.* 25 de junho;274(26):18218-30.

Dennis MS, Zhang M, Meng YG, Kadkhodayan M, Kirchhofer D, Combs D, Damico LA. 2002. Albumin binding as a general strategy for improving the pharmacokinetics of proteins (Ligação à albumina como estratégia geral para melhorar a farmacocinética das proteínas). *Journal of Biological Chemistry.* Sep 20;277(38):35035-43

Dey S, Isore D P, Joardar S N, Biswas U, Mahanti A, Pandit S, Hansda R N, Batabyal K e Samanta I. 2014. Isolamento, identificação molecular e antibiograma dePasteurella *multocidain* Surto de septicemia hemorrágica de búfalos em WestBengal. *Jornal Indiano de Microbiologia Comparada Imunologia e*

Doenças Infecciosas 35(2): 90-92

Dogra. 2010. As proteínas da membrana externa como potenciais candidatos para estudar a resposta imunitária contra *Pasteurella multocida*. *Tese de PG,*. Departamento de Microbiologia Veterinária, CSK Himachal Pradesh Krishi Vishvavidyalaya, Palampur, Índia. p 110.

Durrani R, Ali K F e Ali Q .2013. Isolamento e caraterização de *Pasteurella multocida de* animais infectados. *Vet scan* 7(2): 46-57.

Dutta J, Rathore BS, Mullick SG, Singh R, Sharma GC. 1990. Estudos epidemiológicos sobre a ocorrência de septicemia hemorrágica na Índia. *Indian Veterinary Journal:67(10):893-9.*

Dutta TK, Singh VP, Kumar AA. 2001. Diagnóstico rápido e específico da pasteurelose animal através de um ensaio de PCR. *Indian Journal of Comparative Microbiology Immunology and Infectious Diseases.* 22(1):43-6.

Notícias da Dyax .1996. Republicação de comunicados de imprensa da Dyax Corp. Cambridge, MA. 2:1-6.

Dybwad A, Bogen B, Natvig JB, Forre O e Sioud M. 1995. As bibliotecas de péptidos de fagos podem ser um instrumento eficaz para identificar ligandos de anticorpos para anti-soros policlonais. *Imunologia clínica e experimental 102*(2): 438

Engberg J, Andersen P S, Nielsen L K, Dziegiel M, Johansen L K, e Albrechtsen, B. 1996. Bibliotecas de exposição de fagos de fragmentos Fab de anticorpos murinos e humanos. *MolecularBiotechnology* 6:287-310.

Ewers C, Lubke Becker A, Becker A, Bethe A, Kieblings, Filter M e Wiefer H. 2006. Virulence genotype of *Pasteurella multocidastrains* isolated from different hostswith various disease status. *Veterinary Microbiology* 114(3-4): 304-317.

Gargano N, e Cattaneo A. 1997. Inibição da retrotranscrição do vírus da leucemia murina pela expressão intracelular de um fragmento de anticorpo antitranscriptase reversa derivado de fagos. *Jornal* de *Virologia Geral* 78:2591-2599.

Glisson J R, Contreras M D, Cheng I H N, Wang C. 1993. Estudos de proteção cruzada com *multocidabacterinas de Pasteurella* preparadas a partir de bactérias propagadas em meio pobre em ferro. *Avian Diseases37*: 1074-79

Greenwood J, Willis AE, Perham RN. 1991. Apresentação múltipla de péptidos estranhos num bacteriófago filamentoso: péptidos da proteína do circunsporozoíto de Plasmodium falciparum como antigénios. *Journal of molecular biology220(4):821-7.*

Griffiths A. 1993. Produção de anticorpos humanos utilizando bacteriófagos. *Opinião atual em Imunologia5*(2): 263-267

Hajikolaei M R H, Masood G, Abadshapouri M R S, Rasooli A, MoazeniJula G R e Ebrahimkhani D. 2008. Study on the Prevalence of *Pasteurella multocida* Carriers in Slaughtered Cattle and Relationship with Their Immunity Status at Ahvaz Abattoir. *Journal of Veterinary Research* 63(2): 31-35.

Harper M, Boyce J D e Adler B 2006 *Pasteurella multocida* pathogenesis. *FEMS Microbiology Letter* 265(1): 1-10.

Harper, M., John, M., Turni, C., Edmunds, M., St Michael, F., Adler, B., Blackall, P.J., Cox, A.D., Boyce, J.D., 2015. Desenvolvimento de um ensaio rápido de PCR multiplex para genotipar estirpes de Pasteurella multocida através da utilização do locus de biossíntese do núcleo externo do lipopolissacárido. J. Clin. Microbiol. 53, 477-485

Haq IU, Chaudhry WN, Akhtar MN, Andleeb S, Qadri I. 2012. Bacteriófagos e suas implicações na biotecnologia futura: uma revisão. *Revista de Virologia9(1):9*

Hawkins RE, Russell SJ, Winter G. 1992. Seleção de anticorpos de fagos por afinidade de ligação: imitação da maturação por afinidade. *Jornal de biologia molecular226*(3):889- 96

Hoess R, Brinkmann U, Handel T, Pastan I. 1993. Identificação de um péptido que se liga ao anticorpo monoclonal B3 específico para hidratos de carbono. *Gene128*(1):43-9

Hoogenboom HR, de Bruine AP, Hufton SE, Hoet RM, Arends JW, Roovers RC. 1998. Tecnologia de phage display de anticorpos e suas aplicações. *Imunotecnologia4(1):1-20*

Ihab G M, Shemmari A L e Al-judi A M. 2014. Identificação molecular por reação em cadeia da polimerase de *Pasteurella multocida* em bovinos e búfalos em Bagdá. *TheIraqi Journal of Veterinary Medicine* 38(1): 99-106

Imran M, Irshad M, Sahid M A e Ashraf M. 2007. Studies on the Carrier Status ofPasteurella *multocidain* Healthy Cattle and Buffalo in District FaisalabadTnternational *Journal of Dairy Science* 2(4): 398-400

Jabeen A, Khattak M, Munir S, Jamal Q e Hussain M 2013 Suscetibilidade a antibióticos e análise molecular do agente patogénico bacteriano *Pasteurella multocida* isolado de bovinos. *Jornal de Ciências Farmacêuticas Aplicadas* 3: 106-110

Kamran M, Ahmad D, Anjum A A, Maqbool A, Muhammad K, Nawaz M, Hudda N U,Sana S e Ali M A 2014b Estudos sobre o padrão antibiótico de isolados de *P.multocida* de búfalos. *O Jornal de Ciências Animais e Vegetais* 24(5): 1565-1568.

Kang AS, Barbas CF, Janda, KD, Benkovic, SJ, Lerner RA. (1991). Ligação de funções de reconhecimento e replicação através da montagem de bibliotecas combinatórias de anticorpos Fab ao longo de superfícies de fagos. *Actas da Academia Nacional de Ciências dos Estados Unidos da América* 88(10): 4363-4366

Karaivanov L. 1984. Testes bioquímicos para a identificação de Pasteurella multocida. *Veterinarno-meditsinskinauki21(9)* :38-44

Karimkhani H, Zahraiesalehi T, Sadeghi zali M H, Karim khani M e Lameyi R. 2011. Isolamento de *Pasteurella multocida* de vacas e búfalos no matadouro de Urmia. *Arquivos do Instituto Razi* 66(1): 37-41

Katoch S. (2012). Estudos sobre o potencial patogénico de *Pasteurella multocida* abrigando diferentes ompA. *Tese de PG,*. Departamento de Microbiologia Veterinária, CSK Himachal Pradesh Krishi Vishvavidyalaya, Palampur, Índia. p 83.

Kay BK, Kasanov J, Knight S, Kurakin A. 2000. Evolução convergente com péptidos combinatórios. *FEBS letters480*(1):55-62

Kristensen P, Winter G. 1998. Seleção proteolítica para a dobragem de proteínas utilizando bacteriófagos filamentosos. *Folding and Design3*(5): 321-328

Kumar A, Qureshi S D, Pal B C, Yadav S K, Jain O, Khan S e Varshney P. 2011. Status of Haemorrhagic septicaemia in cattle and buffalo in Uttarpradesh, India (Situação da septicemia hemorrágica em bovinos e búfalos em Uttarpradesh, Índia). *Applied Biological Research* 13(2): 99-104

Kumar AA, HarbelaPC, Rimler RB e Kumar PN. 1996. Estudos sobre isolados de *Pasteurella multocida* de origem animal e aviária da Índia. *Indian Journal* of *Comparative Microbiology, Immunology and Infectious Diseases* 17:120-124

Kour A. 2014. Desenvolvimento de testes de aglutinação em látex contra *Pasteurella multocida. Tese de PG,*. Departamento de Microbiologia Veterinária, CSK Himachal Pradesh Krishi Vishvavidyalaya, Palampur, Índia. p 85.

Lee CW, Wilkie IW, Townsend KM e Frost AJ. 2000. A demonstração de *Pasteurella multocida* no trato alimentar de galinhas após infeção oral experimental. *Microbiologia Veterinária72:47-55*

Liu J K, Teng Q, Garrity-Moses M, Federici T, Tanase D, Imperiale M J, Boulis N M. 2005. Um novo peptídeo definido através de phage display para a orientação terapêutica de proteínas e vectores neuronais. *Neurobiologia da Doença19(3):* 407-418

Little PA e Lyon BM. 1943. Demonstração de tipos serológicos na Pasteurella não hemolítica. *American Journal* of *Veterinary Research* 4:110-112

Lowman HB, Wells JA. 1993 Affinity maturation of human growth hormone by monovalent phage display. *Jornal de biologia molecular234*(3):564-78

Malmborg, AC, Duenas, M, Ohlin M, Sbderlind E, Borrebaeck C AK. 1996. Seleção de ligantes de bibliotecas de anticorpos apresentados em fagos utilizando o biossensor BIAcore(TM). *Journal of Immunological Methods.* 198(1): 51-57

Marks JD, Hoogenboom HR, Bonnert TP, McCafferty J, Griffiths AD, Winter G. 1991. Imunização de by-passing: anticorpos humanos de bibliotecas de genes V apresentados em fagos. *Jornal de biologia molecular* 222(3):581-97

Marandi MV e Mittal KR. 1997. Papel da proteína H da membrana externa (OmpH) - e anticorpos monoclonais específicos de OmpA de tumores de hibridoma na proteção de ratos contra Pasteurella multocida. *Infection and immunity 65(11):* 4502-4508.

Markam S K, Khokhar R S, Kapoor S e Kadian S K. 2009. Caracterização molecular de isolados de campo de *Pasteurella multocida* por reação em cadeia da polimerase no estado de Haryana. *Indian Journal of Comparative Microbiology, Immunolology andInfectious Diseases* 30(1): 31-34.

Mayer KF. 1958. Pasteurella e Francisella. Em "Bacterial and mycotic infection of man", editado por R.J.Dubos 3ª edição .pp-659-697 Pitman, Londres

Mazuet C, Lerouge D, Poul MA, Blin N. 2006. Seleção de anticorpos específicos para o carcinoma da mama combinando a exposição a fagos e a triagem imunomagnética de células. *Comunicações de investigação bioquímica e biofísica.* 348(2):550-9

Michael FS, Harper M, Parnaso H, John M, Stupak J, Vinogradov E, Adler B, Boyce JD, Cox AD. 2009. Base estrutural e genética para a diferenciação serológica de Pasteurella multocidaHeddleston serotipos 2 e 5. *Journal of bacteriology* 191(22):6950-9.

Moghaddam A, Borgen T, Stacy J, Kausmally L, Simonsen B, Marvik OJ, Brekke OH, Braunagel M. 2003. Identificação de fragmentos de anticorpos scFv que reconhecem especificamente o metabolito da heroína 6-monoacetilmorfina mas não a morfina. *Journal of immunological methods* 280(1-2):139-55

Moustafa AM, Ali SN, Bennett MD, Hyndman TH, Robertson ID, Edwards J. 2017. Um estudo de caso-controlo da septicemia hemorrágica em búfalos e bovinos em Karachi, Paquistão, em 2012. *Doenças transfronteiriças e emergentes64(2):520-7.*

Mukhija S e Erni B. 1997. Seleção por phage display de péptidos contra a enzima I do sistema fosfoenolpiruvato-açúcar fosfotransferase (PTS). *Molecular microbiology25(6):1159-1166.*

Murti PSRC. 1971. Estudos sobre a cólera das galinhas. I. Biochemical investigation *ofPasteurella multocidaActa VeterinariaAcademiaeScientiarumHungaricae.* 21:313-317

Mullen LM, Nair SP, Ward JM, Rycroft AN, Williams RJ e Henderson B. 2007. Análise genómica funcional comparativa de adesinas de Pasteurellaceae utilizando phage display. *Microbiologia veterinária 122(1):* 123-134

Mullen LM, Nair SP, Ward JM, Rycroft AN, Williams RJ, Robertson G, Mordan NJ e Henderson B. 2008. Nova adesina de *Pasteurella multocida* que se liga às repetições FnIII9-10 da fibronectina de ligação à integrina. *Infeção e imunidade 76(3):* 1093-1104

Naz S, Hanif A, Maqbool S, Ahmed e Muhammad K 2012 Isolamento, caraterização e monitorização da resistência aos antibióticos em isolados de *Pasteurella multocida* de rebanhos de búfalos (BubalusBubalis) nos arredores de Lahore. *Revista de ciências animais e vegetais* 22: 242-245

Neri D, Petrul H, e Roncucci G. 1995. Engenharia de anticorpos recombinantes para imunoterapia. *Biofísica celular* 27:47-61

Gabinete Internacional das Epizootias (OIE) 2012 Septicemia hemorrágica, capítulo 2.4.12, Manual Terrestre. Versão adoptada pela Assembleia Mundial de Delegados do OIE em maio de 2012

Pasqualini R e Ruoslahti E. 1996. Seleção de órgãos *in vivo* utilizando bibliotecas de péptidos de exposição de fagos. *Natureza* 380:364-366

Pati US, Srivastava SK, Roy SC, More T. 1996. Imunogenicidade da proteína da membrana externa da Pasteurella multocida em vitelos búfalos. *Veterinary Microbiology52(3- 4):301-11*

Peterson NC. 1996. Recombinant antibodies: alternative strategies for developing and manipulating murine-derived monoclonal antibodies. Ciência dos animais de laboratório 46(1):8-14

Rutkowska JI e Borkowska OB 2000. Propriedades bioquímicas de *Pasteurellamultocidastrains* isoladas de aves de capoeira. *Boletim do Instituto Veterinário em Pulawy.* 44:161-167

Saharee AA, Salin NB, Rasedee A, Jainudee MR. 1992. Portadores de septicemia hemorrágica em bovinos e búfalos na Malásia. *Pasteurellosis in Production Animals:* agosto de 1992, Bali. 10:89-91

Sanna PP, Williamson RA, De Logu A, Bloom FE, Burto DR. 1995. Seleção dirigida de anticorpos monoclonais humanos recombinantes para glicoproteínas do vírus do herpes simplex a partir de bibliotecas de exposição de fagos. *Actas da Academia Nacional de Ciências dos Estados Unidos da América* 92(14): 6439-6443

Sato AK, Sexton DJ, Morganelli LA, Cohen EH, Wu QL, Conley GP, Streltsova Z, Lee SW, Devlin M, De Oliveira DB e Enright J. 2002. Desenvolvimento de meios de purificação de afinidade de albumina de soro de mamífero por exposição a fagos de péptidos. *Biotechnology Progress 18*(2), pp.182-192

Scott, J.K., e Smith, G.P. 1990. Pesquisa de ligandos peptídicos com uma biblioteca de epítopos.*Science* 249:386-390

Sharma M, Katoch S, Patil RD, Kumar S e Verma S. 2014. Estudos de patogenicidade in *vitro* e in *vivo* de estirpes de *Pasteurella multocida* que abrigam diferentes ompA. *Comunicações de investigação veterinária 35*(3): 183-191

Shayegh J, Atashpaz S, Salehi T Z e Hajazi M S. 2010. Potencial de *Pasteurella multocida* isolada de bovinos e búfalos saudáveis e doentes na indução de doenças. *Boletim do Instituto Veterinário de Pulway54:* 299-304

Sheila J. Sang. 2014.O uso de phage display para identificar ligandos peptídicos específicos. Tese PG, p 54. Grau de mestre em ciências biológicas, Universidade Estadual de Youngstown

Siegel DL, Chang TY, Russell S L, Bunya VY. 1997. Isolamento de anticorpos monoclonais humanos específicos da superfície celular utilizando phage display e seleção de células activadas magneticamente: aplicações em imunohematologia. *Journal of Immunological Methods* 206(1-2): 73-85

Singh PK, Agrawal R, Kamboj DV, Gupta G, Boopathi M, Goel AK e Singh L. 2010. Construção de um anticorpo de fragmento variável de cadeia simples contra o superantigénio enterotoxina estafilocócica B. *Applied and environmental microbiology 76*(24): 8184-8191

Smith GP. 1985 Fago de fusão filamentosa: Novos vectores de expressão que apresentam antigénios clonados na superfície do virião. *Ciência* 228:1315-1317

Srivastava S K. 1998. A proteína da membrana externa de *Pasteurella multocida* serotipo B:2 é imunogénica e antifagocítica. *Jornal Indiano de Biologia Experimental* 36: 530-32

Songer JG e Post KW. 2005. Os géneros Mannheimia e Pasteurella. *Veterinary Microbiology Bacterial and Fungal Agents of Animal Disease,* pp.181-190

Thirumala Devi K, Miller JS, Reddy G, Reddy DVR e Mayo MA. 2001. Peptídeos exibidos por fagos que imitam a aflatoxina B1 em reatividade serológica. *Jornal de microbiologia aplicada, 90(3):* 330-336

Topley WWC e Wilson G.S. 1929. The Principles of Bacteriology and Immunity (Princípios de Bacteriologia e Imunidade). Os Princípios de Bacteriologia e Imunidade *1*.

Tomer P, Chaturvedi G C, Minakshi M P e Mauga D P (2002). Comparative analysis of the outer membrane proteinprofiles of isolates of the *Pasteurella multocida* (B:2) associated with haemorrhagic septicaemia. *Veterinary Research Communications26:* 513-22

Townsend KM, Frost AJ, Lee CW, Papadimitriou JM, Dawkins HJ. 1998.Development of PCR assays for species-and type-specific identification of Pasteurella multocidaisolates. *Jornal de microbiologia clínica36(4):1096-100*

Townsend KM, Hanh TX, O'Boyle D, Wilkie I, Phan TT, Wijewardana TG, Trung NT, Frost AJ. 2000. Deteção e análise por PCR de Pasteurella multocida das amígdalas de suínos abatidos no Vietname. *Veterinary microbiology* 72(1-2):69-78

Ullah W, Abubakar M, Arshed M J, Jamal S M, Ayub N e Ali Q 2009 Differentiation ofclosely related vaccinal strains of *Pasteurella multocidausing* Polymerase ChainReaction (PCR). *Vet scan* 4(1): 29-33

Shigidi MT e Mustafa AA.1979. Estudos bioquímicos e serológicos sobre Pasteurella multocida isolada de bovinos no Sudão. *The Cornell veterinarian69(1):77-84*

Sorokulova IB, Olsen EV, Chen IH, Fiebor B, Barbaree JM, Vodyanoy VJ, Chin BA e Petrenko VA. 2005. Landscape phage probes for Salmonella typhimurium. *Journal of Microbiological Methods 63*(1):55-72

Sugun M Y, Kwaga J K P, Kazeem H M e Ibrahim N D G. 2013. Antibiograma e perfis plasmídicos de isolados de *Pasteurella multocida* de bovinos no centro-norte da Nigéria. *Revista Internacional de Pesquisa Avançada* 1(9): 771-781

Vaughan TJ, Williams AJ, Pritchard K, Osbourn JK, Pope AR, Earnshaw JC, McCafferty J, Hodits RA, Wilton J, Johnson KS. 1996. Human antibodies with sub-nanomolar affinities isolated from a large non-immunized phage display library.*Nature biotechnology* 14(3):309-14.

Verma ND. 1991. Pasteurella multocida tipo B: 2 num surto de pasteurelose suína primária. Indian *Journal of Animal Sciences61(2):158-60.*

Verma S, Dogra V, Singh G, Wani AH, Chahota R, Dhar P, Verma L e Sharma M. 2015. Desenvolvimento de ELISA indireto baseado em OMP para medir os títulos de anticorpos em bovinos contra *Pasteurella multocida. Revista iraniana de investigação veterinária 16(4):* 350

Wang C e Glisson JR. 1994. Proteção cruzada passiva proporcionada por anti-soros dirigidos contra antigénios de Pasteurella multocida expressos in vivo. *Avian diseases* :506- 514.

Wang G, Sun M, Fang J, Yang Q, Tong H e Wang L. 2006. Respostas imunitárias protectoras contra a candidíase sistémica mediadas por um epítopo específico da proteína de choque térmico 90 de Candida albicans em ratinhos C57BL/6J. *Vaccine 24*(35-36):6065-6073.

Wilson DR, Finlay BB. 1998. Phage display: applications, innovations, and issues in phage and host biology. *Canadian journal of microbiology 44(4):313-29*

Winter G, Griffiths AD, Hawkins RE, Hoogenboom HR. 1994. Produção de anticorpos através da tecnologia de exposição de fagos. *Revisão Anual de Imunologia12*(1): 433-455

Yeo B K e Mokhtar I. 1992. Haemorrhagic Septicaemia of Buffalo in Sabah, Malaysia. Pasteurellosis in Production Animals, ACIAR Proceedings No. 43 (Patten BE, Spencer TL, Johnson RB, Hoffman D &Lehane L, eds) : 112-115